成為1%的創業存活者

貝克街王繁捷如何以20萬創造5,000萬業績？

王繁捷 著

suncolor
三采文化

第一話 準備

第二話　產品

第三話 行銷操作

創業1％的存活者，看起來幸運，其實是努力對抗了很多不幸的成果。與繁捷交流創業經驗的過程中，會發現很多情況是重疊的，常常會有早知道別人的處理方式，就不用單打獨鬥那麼辛苦的感覺。

本書能像朋友一般地分享經驗，讓創業之路的你不再孤單。

——玩笑實驗室共同創辦人　黃尹昇

看到書裡提到「當自己的客群，才能貼近真實的客群」的觀念讓我感觸很深，因為486團購網上的每個產品，我都親身試用過、確認品質才會銷售。當初也是因為我兒子從小過敏、找了很多資料，才從家電起家。了解產品的特質和消費者的樣貌是讓他們買單的關鍵，如果只為了賺錢才創業，對自己的產品一點興趣都沒有，那你對自己的客群可能都不了解，這樣要怎麼貼近他們的想法呢？關鍵在哪裡要靠自己找！

這本書非常具體、仔細地說明各種創業時會面臨的關卡，搭配各種真實案例引導你找到品牌和產品的「強項」、「特色」，從第一步就把事情做對，建立專屬於你的賺錢模式。

——486團購CEO 陳延昶

創業一直是個被過度美化的事情，除了表面上當老闆的賺錢、夢想的自我實現之外，其實更多的是迎接社會現實殘忍粗糙的一面。作者在這本書裡帶給大家的，就是這幾年紮實的掙扎，犯錯再嘗試的過程，不會有太多花俏的內容，都是最直接的重拳，推薦給每一個懷揣務實的理想主義者。

——一隅有花共同創辦人 張柏韋

一推薦序一

一本讓身為創業者心有戚戚焉的誠意之作。

——Miss GAME 密室逃脫執行長 蕭佳怡

跟繁捷第一次見面是在 Miss GAME 密室逃脫的場館裡，猶記他體驗完我們的第一款遊戲 Miss G 之後坐在接待區，不卑不亢地向我們介紹他是「SIN 犯罪案件簿」的老闆。當時對他的印象很深刻，覺得這位年輕人談吐很沉穩、講話實在也真誠。後來又約了幾次一同體驗其他工作室的遊戲，私底下也保持密切的交流，對於他們夫妻分外覺得親切，雖然密室逃脫業者彼此間都保持著友好的關係，但繁捷卻是很早就被我們列入朋友信任圈裡了。

時空來到了相識的隔年，也就是二〇一四年暑假，由繁捷一手促成的大型實境解謎遊戲「屍洛德世界」，他成功拉起 SIN 犯罪案件簿、Miss GAME 密室逃脫及笨蛋工作室三家密室逃脫實境遊戲業者的聯手合作，在當時創下限期一個月、僅開六日有限場次、體驗人數達兩千人次的紀錄，遊戲開賣當天更因搶票的人太多造成售票系統大當機。還記得我們正邁入創業第二年，很多東西都是新嘗試，籌畫設計這款遊戲時，我正在月子中心坐月子，繁捷很有耐心地居中協調溝通，甚至親自跑到月子中心跟我和先生開會，同步協調場地、擔任三家工作室溝通的窗口，更將他工作室裡的大將外借，擔任遊戲的 PM。從拍板定案到實際執行僅一個多月時間，能如此有效率又順利進行，繁捷前置作業充分溝通，以及我們對他的信賴是成功關鍵。我總笑稱這活動是讓我們三家走向各自不同發展方向的分水嶺——Miss GAME就一部分走向了開發大型實境遊戲之路，笨蛋工作室則是專精密室逃脫遊戲，很快速地蓋了好幾個分館，而繁捷呢？則停下了SIN犯罪案件簿的營運，與我們走向截然不同的巧克力專賣蛋糕店「貝克街蛋糕」。

從認識繁捷，一路看著他經營密室逃脫、蛋糕烘焙到販售網路課程，他總能精準下決策。無論是公司轉型，收掉不合適的產品、產線，甚至是換掉耗費心血及金錢裝潢的廠房及店面，他不斷學習更多新知，親自試驗實踐並用意志將事情做到最好。能有這樣果斷、有執行力且不被挫折擊垮，一次次重新站起來找出問題到執行成功的精神，同樣身為白手起家的人，真的非常佩服。而他就像這本書裡一致性的敘述一樣，踏實、沉穩、實在又真誠，我們在書裡可以看到他這一路以來創業的過程與精華，精準的分析以外，更有實在的執行方式。很少有一本書可以讓人如此簡單易懂又好操作，同樣身為創業者看了心有戚戚焉，而正準備創業的人看了可以少走很多冤枉路。如此誠意之作，推薦大家非要收藏不可。

—推薦序—

豐富的實戰經驗，連創業十多年的我都有新收穫！

——得來素共同創辦人 關登元

一次朋友私訊我，邀請我加入一個創業社團，他跟我說社團裡面對於創業的討論非常熱烈，版主也很常分享創業的觀念，於是我加入了「王繁捷創業、行銷討論社」。

加入後發現社團內有三萬多人，針對創業的討論應該是我加入的所有社團中最熱烈的，這也讓我對版主與版主所建立的品牌感到好奇。

訂閱了版主的電子報後更是佩服，因為他很常分享自己在創業過程中學到的事物，無私地整理並且跟在創業路上的粉絲分享，我想也是這樣的無私才能讓他的社團如此強大。以一個創業人來說，如果能在十年前就有這樣的社團與內容可以看該有多好，這樣我就可以少走許多坑，省下許多錢，在創業路上或許就可以更順遂些。

繁捷從二〇一二年開始創業，用少少的幾萬塊資金創立了「貝克街蛋糕」，從一個月只賣十幾個蛋糕到破千萬的營業規模。這本書完整地述說了如何鍛鍊自己的心智，從創業前的心態準備開始，再從自身走過的坑中萃取成功經驗，從品牌定位、顧客心態、產品定位與定價策略等，一一解析自己創業過程中失敗與成功的經驗，用非常口語而不是理論講解的方式撰寫，讓想要進入創業選擇的人可以很清楚地了解「哦！原來要注意這件事」，這是一本有別於一般創業理論書籍的書。看完本書的內容後，更認識了繁捷的創業過程。比較特別的是，這本書不是用理論帶你如何創業，而是用自己的實際經歷與體悟出發，以實戰案例歸納與整理了「可執行」的方法來撰寫，例如：他從網路起家，用會員的地址匯入 Google 地圖來了解會員所在地分布，這可以作為很精準的開店選址策略，更是利用線上優勢往線下發展很重要的方法。

內容中給我的另一個收穫是關於「行銷」的觀念與實際應用，如何利用數位工具來推廣品牌、制定行銷策略，甚至遇到客訴或酸民時怎麼處理的方法都寫得鉅細靡遺。如果不是自身實戰過，很難從理論書籍中知道這種方法，實在可貴。

這本書真的非常適合想要創業與剛起步的人，許多的實戰經驗連我這樣已創業十幾年的人來閱讀都有新收穫，非常棒的一本書，誠摯推薦給要踏上創業之路的讀者閱讀。

—作者序—

創業，活下來就對了

我在二〇一二年創立了貝克街蛋糕（以下簡稱「貝克街」），工作空間只有兩張工作桌大小，連兩坪都不到；因為錢很少，沒辦法亂花，到現在我還記得開國元老的機器多少錢：

- 雜牌半盤烤箱一台，一萬五（一次只能烤兩個蛋糕）。
- 一台冷藏冰箱，一萬五。
- 桌上攪拌機，一萬二。

其他模具、小工具不到一萬元。

我沒有富爸爸的支援，沒有足夠的金錢解決問題，所有創業者會遇到的痛苦、黑暗、恥辱，我都遇過，創業初期就像走在又黑又長的隧道裡，根本看不到盡頭。

那時太太問我：「你覺得要過多久，公司才能爬起來？」

我沒把握地說：「也許四、五年吧。」

她當下聽到我這樣說，心裡一沉，但仍然完全沒有怨言地跟在我身邊，想盡辦法省吃儉用，陪著我和蛋糕紙箱睡在一起；我做蛋糕時，她就負責客服，每次有客人打電話來，便一邊安撫小孩別發出聲音，一邊和客人對話。

因為品牌故事吸引人，曾經有記者想採訪我們，但在洽談之後發現營業額太低（一個月只賣十個蛋糕），馬上改口對我說：「真的很不好意思，我們只報導成功的店家。」

我也曾經在加油站遇到推銷信用卡，交出基本資料後被銀行來電通知：「你的公司賺太少了，不符合辦信用卡的資格。」

老朋友的聚會，我統統不想參加，因為公司的成績很差，被問到了也只會尷尬。

但我活下來了，從一個月只賣十個蛋糕，到月營業額十萬、三十萬、一百萬……現在，一年「淨利」已經突破千萬，相關的新聞媒體報導也超過十幾家。

能夠活下來的最大關鍵，那就是我每做一個決定，都會問自己這樣的問題：「我幹了這件事後，如果失敗了，多久時間才能把賠掉的錢賺回來？」

如果答案是幾個月之內可以賺回來，我馬上就會去做；如果答案是幾年，甚至幾十年才能把錢賺回來，那我絕對不幹。用這樣的方法，可以快速調整自己的錯誤，無限復活。

玩過「瑪利歐兄弟」吧？

拿一生的存款創業，就像玩「瑪利歐兄弟」只有一條命，過關的機率非常、非常低，因為一碰到意外你就會死掉，工作一輩子也還不完債；而用我的做法，就像是玩「瑪利歐兄弟」時有無限的復活次數，能夠從一次次死亡的經驗中，學到下一次如何玩得更好，總有破關的一天。

接下來，我將寫出自己在創業上的經驗，還有我做了什麼準備，是特別針對小資本的公司寫的；如果你想要創業，這會是一段刺激的旅程，好好享受吧！

第一話

／

準備

創業是條漫漫長路，
做好準備才能不死地活下來！

BaCo Street
Chocolate Cake

創業前必備的四個能力

——實力、抗壓力、溝通力、解決力，是在創業路上踏穩腳步的關鍵能力……

測試自己的實力

創業前，認清自己的實力是很重要的。

當完兵後，我做業務存了一點點錢，結婚後到夏威夷的楊百翰讀大學——靠著學校的補助、可以拿獎學金的成績、加上在餐廳當主管的薪資，勉強支付當地生活的開銷。

而楊百翰的學校社團：台灣社，對我來說就是一個測試能力的地方。

這間學校以國籍來劃分社團，例如台灣社、美國社、日本社、夏威夷社、印度社等等，每個國家的社團都要努力吸引本國或他國的學生加入，靠入社費讓社團運作；此外，學校一年有兩次活動，讓各個國家擺攤賣食物，賺到的錢便是社團經費。

台灣社每年都會換社長，沒人想接這個爛缺，因為要做的事情很多，又沒錢拿，而我剛進去沒幾個月，就自願接下這個工作。

我自認是個有能力的人，未來也想創業，但我怎麼知道自己是不是真的有本事？所以我想，如果我不能把社團活動辦好、賺到錢，就代表我的能力並不如自己想的好，未來創業恐怕也是凶多吉少——因為靠辦活動賺錢，絕對比創業簡單多了。

為了賺進大把鈔票，我仔細分析過去歷年的社團活動。

台灣社每年都賣珍珠麥奶茶。老外喜歡麥奶茶的味道，可是就我的觀察，他們非常厭惡珍珠，因為咬起來很硬，所以他們只喝茶，珍珠都丟掉——這讓我知道：麥奶茶可以繼續賣，問題在於珍珠煮得太硬。

為了解決這個問題，我查了許多資料，不斷地實驗、找人試吃，終於找到方法，成功煮出口感完美的珍珠。我也運用折價券技巧，在各宿舍的布告欄貼滿折價券，讓學生自己撕取，同時預告活動。

開賣當天，每個社團都端出自己國家最得意的料理，大聲叫賣、搶客人，廝殺非常激烈；而我一心只想打敗日本社和韓國社，因為過往都是他們賺得最多。結果老外愛死珍珠了，麥奶茶大受歡迎，銷售一空，更沒有人把珍珠丟掉。

半夜結算業績的時間，台灣社單一晚上的毛利超過一千美金，打破學校有史以來的紀錄，當然也贏過日本和韓國，更不用說其他歐美國家。

有這樣的結果，我知道自己的實力是通過驗證的，不是自我感覺良好。

事業有成的老闆，在當員工期間多數都有本事繳出漂亮的成績單；**如果你連當員工的時候都做不到業績，憑什麼覺得當上老闆後可以把業績拉起來？**不管是在學校裡或職場上，都有很多測試自己實力的機會，建議你向主管自告奮勇，表示想處理某個吃力不討好的企劃，看看自己到底可以做得多好。

就像我在夏威夷的故事，除了測試自己的實力，更加強了自己的能力，得到非常多好處。

很多人會問我，到底要不要創業，我的建議是先確認自己在工作上的表現；**當員工的時候做得好、被老闆或客戶器重，代表你某方面的才能比別人出色，創業時才更有優勢。**（請注意，並不是當員工的時候表現好，創業就「一定」能成功，只是機率大點罷了。）

若是在公司沒有測試實力的機會，每個週末、在不同地方都有臨時攤位可以租借，網路上也有各種平台，這都是以低成本測試實力的好方法。

如果還沒有好成績，那就先想辦法做出好成績吧！

測試實力

☑ 檢視自己過去的實績（不論在學校或職場），確認是否自我感覺良好。

提升抗壓性

在台灣，常可以看到兩個外國人，騎腳踏車沿路傳教，一般人不知道的是，他們並沒有領薪水，而且是自願的，為期兩年。

為什麼我會知道？因為我在十八歲的時候，就是其中一名傳教士。現在創業能活下來，完全是拜這兩年經驗所賜——每天六點半起床，做重訓或跑步到七點，洗澡、吃早餐、學習語言（外國人學中文、台灣人學英文），互相練習傳教技巧，十點準備出門。

公園、賣場、郵局、路邊敲門，一整天除了中餐和晚餐各一小時的休息外，沒有停歇地傳教到晚上九點。回宿舍後開始做報告、和領袖回報、規劃隔天工作、洗澡，十點半上床睡覺。

我們每天從早到晚被人拒絕、辱罵，還不能打電話給家人朋友訴苦，每個星期只有八個小時休假，也不能因為壓力大就請假去散心、看電影，完全不能。

我曾經一度想放棄，後來看到某位領袖的話：「如果你想家、沮喪，那代表你不夠認真努力。非常非常認真地做事，就會克服這些心理問題。」

我照著這段話，逼自己拚了命地進步；兩年結束後，抗壓性與能力都巨幅提升，之後我又當過保險業務員、洗碗工等。回過頭看看這段傳教生活，我可以說，沒有什麼工作的難度比得上的。跟我同期的傳教士，在回到家鄉後，事業方面都有很驚人的表現。

很多人會問，創業初期沒有賺到錢，這麼大的壓力怎麼撐下來？對我來說答案很明顯，因為我在創業之前，已經經歷過正常人無法想像的訓練，所以我能撐住這些壓力。

多數人認為創業要準備錢、有人脈、訓練技能，可是都忽略了一件更重要的事——抗壓性。創業，會讓你遇到一堆爛事，一輩子都還不完的錢、被取笑、被家人朋友離棄，事業就像永無止境的地獄，不知道哪天可以脫離。

每個創業家都會遇到這種狀況，這時候最需要的就是抗壓性，才能幫自己度過。主動接下吃力不討好又壓力大的差事吧，測試看看自己在這種壓力下可以有怎樣的表現？就像練肌肉，每次給自己更多一點的壓力，抗壓性才會成長；這也是為什麼一直活在舒適圈的人，抗壓性這麼差。

不要找藉口，說對現在的工作沒興趣，所以表現一定不好，創業是做自己感興趣的事情，才會有好表現：這樣想就錯了。就算是以自己的興趣創業，一樣有很多討厭的鳥事要面對。喜歡做蛋糕？別以為開蛋糕店，只要做蛋糕就好！舉凡寫文案、操作廣告、客服接待、財務管理、處理員工情緒、徵人……再沒興趣的瑣碎鳥事你都要去做。

所以，**還在公司當員工的時候接下爛差事，是訓練抗壓力的最好方法。**如果你接了這些爛差事後表現不好，未來創了業，遇到公司裡的鳥事，你又能表現得多好？

當然，如果你有很多錢，碰到不想做的工作就砸錢找員工處理，那也是可以，不過你同樣也要面對人事問題——請不到人、員工抱怨薪水太少等等。能夠把討厭的工作做好，除了提升抗壓性，也能預見你是否適合創業。

但是當你的身體出現警訊，就別再刻意增加壓力了，先把身體顧好，再來考慮創業的問題吧！

抗壓性與創業的關係

☑ 度過創業初期低潮之必要。
☑ 抗壓性是可以鍛鍊的。
☑ 有些壓力是有錢也不能解決的。
☑ 不要只想待在舒適圈裡。

溝通的訓練

經營公司，想要好成績，溝通能力是關鍵。可是大部分的人不懂什麼叫「溝通」，只要和人意見不同，統統覺得是對方腦袋有問題，所以你很少看到公司是團結一心的；無法團結的公司，能賺到的錢自然有限。

我想分享自己訓練溝通技巧的方式，在貝克街，也是這樣訓練員工。

不論主管或老闆，最常遇到需要溝通的情況，就是發現員工沒做好工作，得找來約談的時候。一般人的做法是直接把對方找來，但這樣通常不會有好結果，因為面對面溝通有幾個困難的地方：

- 害怕傷害到對方，講得不清不楚，對方根本不知道你想表達什麼。
- 用了某些帶有負面含義的字眼，卻沒有察覺，讓對方很生氣。
- 描述事情的邏輯，沒辦法清楚傳達。
- 聽不進去對方的話，只想著自己要講的。

想要改善這幾個問題，最好的做法就是「每一次」要找人溝通前，先做下面四個步驟：

❶ 像擬講稿般，寫下想要表達的意思。
❷ 列出對方可能提出的說詞、問題。
❸ 針對對方可能提出的問題，寫出回答。
❹ 找朋友（家人）念出講稿，請他們給予想法。

溝通前的四步驟

每個步驟都有它的含義。

步驟❶像擬講稿般寫下想要表達的意思，才能整理好想要傳達的邏輯、先後順序。找出條理，溝通的時候才會清楚、不漏失。

步驟❷列出對方可能提出的問題和步驟❸針對對方可能提出的問題寫下答案，一來是讓自己有心理準備，才不會當場被反問了什麼就慌亂得不知所措、語無倫次；二來列出對方的想法，可以讓你站在對方的立場思考，更加知道對方的感受。

步驟❹記得找願意跟你講真話的朋友或家人來練習。講完你想說的話後，請他重複一次你剛剛說的內容，如果他能將你的意思講明白，就代表你的表達方式夠清楚。別忘了問問對方，是否有什麼字眼聽了不舒服？有的話，記得拿掉。很多沒用的字，只會激怒人而已，對溝通沒有幫助，例如：

「我不是跟你說過……」

「為什麼每次都……」

你的目的是完成溝通，把事情搞定，而不是吵架。

最困難的就是傾聽。通常在溝通前，很多人已經先入為主，認為自己是對的、對方是錯的；所以對話時聽不進去對方在講什麼，滿腦袋只想著要對方認同自己。

有一件需要認清的事實，那就是「**我們不會永遠是對的**」，偏偏常有老闆寧願維護渺小的尊嚴，只做自己認為對的事，而犧牲有用的建議。

無法傾聽的其中一個原因，是自信不足——認為採納了別人的意見，就代表自己錯了、自己不夠厲害。一定要大家都聽他的，才像是老大。

給大家一個心理建設：**再厲害的領袖，也會常常犯錯**。傾聽並採納意見，並不會讓人覺得你軟弱，反而會讓人覺得你很有自信、很有器度；相反地，硬要別人都聽自己的，只有你覺得自己是老大，但其他人都看得出來，藏在你內心深處的自卑。

有這樣的認知，你就會知道**傾聽並採納好的建議，才是實力和自信的表現**。如果覺得對方的意見不對，就照前面的流程，把講稿先寫出來，和他說明為什麼需要用另一種方法，你就能做到很好的溝通，同時得到別人的尊敬。

這個技巧不是只能用在老闆和員工雙方而已，夫妻、家人、親子、朋友間都很適合。就算不打算創業，擁有溝通技巧，對人生一定會有巨大影響。

好好溝通能讓你

- ☑減少犯錯，有邏輯地解決問題。
- ☑顯得有自信而非自卑作祟。
- ☑解決問題，而不是為了講贏。

搞定它就對了

美國人有一句話叫「get it done」，意思是遇到各種挑戰，想辦法搞定就對了，不能有藉口和退路。有了這種心態，在面對問題時，展現出來的成效完全不一樣。如果心裡想著「我盡力」、「試試看」、「是因為別人沒做好」，那只會讓人在做事時給自己無數的藉口。

也許你會覺得這想法很可怕，可是創業後所面對的客人，他們不會聽你任何藉口，不想聽到你說「試試看」；再來，如果你跟客人說沒法順利交貨是因為某某員工曠職，你猜會發生什麼事？

你只會聽到客戶惡毒的臭罵，叫你不要推卸責任。客人只在乎你有沒有把事情搞定、滿足他的要求，沒搞定就等著被罵，甚至被告。老闆們在創業路上會遇到大大小小的問題，而成功者都有「搞定它」的精神，咬著牙一關一關過。

草莓缺貨時，你會怎麼辦？

隔天草莓蛋糕要出貨，結果草莓突然大缺貨——你怎麼辦？有的人會雙手一攤，打電話跟客戶說：「草莓缺貨，不是我們的問題。」有的老闆會低下頭跟別家甜點店調貨，或是直接開車去草莓園採，再趕回來連夜製作，搞定按時交貨這件事。

我認識的老闆大多屬於後者，會為了搞定每個危機，在腦中瞬間列出所有解決方案，不怕損失，只求「搞定它」。那些碰到問題就推卸責任，或是不想辦法的老闆，要在創業的路上活下來：難。

對於還沒創業或已經創業的人，我建議養成這個習慣——**遇有狀況發生，就對自己講：「搞定它就對了」**。接著把解決方案一條一條列出來，包括不符成本效益、有失尊嚴等等，絞盡腦汁、用盡手段把事情搞定（但違法的方法就別列了）。

沒有人會同情你已經盡力了，也不會有安慰獎，更沒人管你是因為生病所以拖延到出貨時間；**客戶只在乎你是不是把事情給搞定，這就是創業的世界。**

「搞定它」的精神

- ☑客戶只要你的使命必達。
- ☑任何狀況都對自己講：「搞定它就對了」。
- ☑列出所有解決方案。

踏出創業第一步

——善用助力、品牌力，設定好戰力與美感力，為你的創業之路立好穩固的四根基……

百組競爭的創業大賽

在楊百翰大學讀了一年，我開始懷疑念書到底有沒有意義，因為畢業只是拿文憑，回台灣之後薪水三萬多，不可能養一個家庭，更不可能買房子。「創業」是翻身的唯一希望。

我的想法很單純。當時不知道創業這麼難，什麼都不懂。剛好太太的家人生重病，加上她懷了身孕，我們都希望小孩在台灣出生，便決定趁這個機會回來幾個月。一下飛機，踏上台灣的土地，我就再也不想回夏威夷了，我想留在這裡創業。

首要的難題就是，怎麼說服父母？不回去讀書，留下來創業，有多少父母能接受？

無巧不巧，那時剛好有一場全台的創業大賽正要舉行，我心想：「只要贏了比賽，就夠有說服力了吧？」所以我馬上報名。

單打獨鬥拿下冠軍

過程中，參賽者需要把自己的創業項目，定位、行銷、優勢劣勢、財務等做一份詳細企劃，上台簡報，由評審判斷哪個企劃最有成功的機會。

評審員除了事業有成的老闆，還有創投業者[1]，陣容非常龐大。報名參賽的隊伍超過一百組，必須先遞交書面企劃，才能進行初賽；淘汰後剩下的三十幾組有資格上台簡報，在台北、台中、高雄三區各選出前三名，共九隊要到台中參加總決賽。

初賽很激烈，甚至有台大、清大、交大畢業的天才組合，我只有自己一個人單打獨鬥；但因為過去的經驗，我順利通過初賽更拿下冠軍，得到幾十萬的獎金。

得到冠軍的創業企劃是拼圖蛋糕：我打算把蛋糕做成一塊一塊的拼圖，用糯米紙搭配食品影印機，讓蛋糕呈現圖案，客人可以享受用蛋糕拼圖的樂趣；完成的圖案還跟推理案件有關，更有腦力激盪的樂趣。但是，認識貝克街的人就知道我現在販售的產品，和這個冠軍企劃完全沾不上邊！因為在我真正研發拼圖蛋糕的時候，發生太多問題，經過無數次的修改，只好改變方向。

沒有實際創業經驗的人通常有個錯誤認知——以為創業和讀書一樣，把計畫做好，照著進行，就可以完成很多事。

但真實的情況是……當你把計畫做好後，會發生各種意外，需要一修再修，修到面目全非，像是技術上無法實現；準備的錢遠遠

1 創投業者就是專門投資新公司的人，需要有精準的判斷力，才能押到未來賺大錢的公司。

不夠，只好用更省錢的方法等等。

試過才會知道

所以這裡要講一個非常重要的觀念——創業時，不要一次砸下大筆的錢。因為有非常非常高的機率，計畫是不可行的，這樣就砸錢下去，恐怕連翻身的機會都沒有。

看看我參加創業大賽的經驗，我的「冠軍企劃」打敗一百多隊、打敗台清交的組合，得到許多大老闆和創投業者的青睞，結果呢？完全沒辦法實行，有非常多的問題！如果當初我借一堆錢，全部砸在「冠軍企劃」上，我早就倒了，不知道要多少年才能把錢還清。

企劃能不能實現，只有真的做了才知道。

創業的正確做法是：先投入一點小錢測試計畫是否可行，有了

進展後再投更多，一點一點慢慢前進，遇有問題馬上修正。

不要馬上砸錢，例如找工廠開模，花了幾百萬把東西做出來後才發現：糟糕，這東西不適合客戶；糟糕，這東西的功能有問題……那就完了，一切都來不及了。

創業大賽教我的事

- ☑ 創業和讀書不一樣。
- ☑ 企劃行不行、成不成，試過才知道。
- ☑ 一次投注大筆資金只會死得很難看。

找到品牌的故事

結束創業大賽，開始籌備公司，其中一個工作就是把品牌故事寫出來。

由於我是創業菜鳥，很自然地認為，品牌故事得創新才能吸引客戶注意。寫完故事後，我把品牌命名為「貝克街蛋糕」——福爾摩斯的住所；還寫了幾篇推理案件放在網路和廣告上，讓顧客享受解謎樂趣，如果成功了就可以得到蛋糕作為獎勵。

我打的如意算盤是：這樣新鮮的創意可以讓更多人來買蛋糕，畢竟書上不是都說創業要有創意嗎？

許多人也以為貝克街的生意能做起來，是因為充滿創意的行銷，但是我錯了，大家都錯了——創意只是一時的噱頭，真正能把產品賣出去的，**是品牌故事能不能勾起客戶購買的欲望**。

不到一％的人是因為故事和案件來買蛋糕的。

雖然品牌故事不如預期，但它還是有影響：貝克街的品牌形象非常鮮明，整體包裝、Logo、店面都圍著這故事打造，所以很容易讓人對我們有深刻印象。另外的收穫，就是記者對我的故事和創意有興趣，很多媒體因為這點來採訪，增加貝克街的曝光度。

這樣的經驗讓我學習到行銷故事分為幾類，你可以選其中一種來作為品牌故事；我也以效果區分成兩類。

類型① 故事本身可以帶來訂單

我曾寫過一篇以發生在貝克街真實的故事為基礎的廣告文案，它也帶來驚人的業績，大家可以看下頁的文案內容。

這段故事一貼出來，客服接訂單接到手軟。由此可以分析出，能帶來訂單的故事該長什麼樣子，最關鍵的訣竅有兩個：

- 故事需要和產品有很深的關係。
- 故事本身暗示（或明示）產品的優點。

許多創意廣告和產品幾乎沒什麼關聯，大家看完之後拍拍手，根本不記得廣告在賣什麼產品、是什麼品牌。而這故事圍繞的主題，就是發生在這款蛋糕的真實故事，藉由大師的稱讚，來讓客戶知道它的優點。

類型①．故事本身帶來訂單

不久前，品卉主廚發生了一件好事：她研發了一款生軟木巧克力叫「白蘭地微醺」，口感很像甘納許，可是又有點不一樣。

有位日本甜點大師西原金藏[1]來台灣講課，講課的前幾天，他來到貝克街。剛好那時我不在，所以是由品卉來接待。

大師對甜點櫃裡的 bonbon 巧克力很有興趣，但是因為已售完，品卉就想招待大師吃白蘭地微醺好了，這兩種甜點口感有點類似，等到講課當天再詢問大師的意見。

到了當天，品卉非常緊張大師對她作品的評價，一直等到課程結束才上去詢問。口譯對大師說：「這是我們上次去的巧克力店家。」

大師馬上眼睛一亮：「那天的巧克力非常好吃，你們成本下很重喔！很像甘納許，非常香！」

品卉鬆了一口氣說：「對，但是它有烘烤過，除了加全蛋、白蘭地外，還有噶瑪蘭威士忌。」

大師：「妳應該花了很多心思吧！我一直在想你們加了什麼酒，原來是用台灣的噶瑪蘭啊！」

我很替品卉高興，幾年前她剛加入貝克街時，連煮糖都不會。除了在這裡學習外，她也花了很多時間、金錢四處進修練習，才能得到大師這樣的稱讚。

類型② 故事吸引媒體記者、網紅，帶來曝光

這類故事就像我創業時寫的〈福爾摩斯〉（請見下頁）。

雖然故事本身沒辦法帶來訂單，卻有另外的效果產生。

不過只是單純寫段有創意的故事，用以吸引媒體採訪會有困難，最好是**你的品牌活動和故事有相關聯**，就像我在蛋糕盒裡放案件、網站上徵求高手解謎、蛋糕盒做成密碼等等，這樣才夠吸引媒體的注意。

所以在設計故事的同時就要想到：

---

1 西原金藏：一九八七年在 ALAIN CHAPEL 米其林三星餐廳擔任甜點主廚，亦是首次由日本人擔任米其林三星餐廳的甜點主廚。

類型②．故事吸引媒體

夏洛克．福爾摩斯是真實存在的人物。

即使福爾摩斯去世多年，現在仍有許多人寫信到貝克街 221B 的舊居請求協助。他的後代迪特蒙，為了承襲福爾摩斯樂於助人的精神，決定幫助他們解決困難。 但他是名甜點師，沒有餘暇處理這些案件，便想出一個方法：將委託信放進蛋糕盒裡，寄給顧客。迪特蒙希望找到像福爾摩斯一樣的偵探，解決各地的懸案。

於是 Baco Street 在福爾摩斯的推理和仗義精神下，於二〇一二年誕生。

「既然在道義上是正當的，那麼我要考慮的只有個人風險的問題。如果一個女士迫切需要幫助，一個紳士不應過多考慮個人安危。」

——《米爾沃頓》夏洛克．福爾摩斯

BaCo Street

● **故事有辦法和公司的產品、活動結合嗎？**

不是寫完後才來想要怎麼結合，應該要寫的同時就考量到這些問題。

● **活動能不能長期舉辦？**

就像推理案件可以每個月推出，每個月辦活動就很自然，但如果你的品牌故事和聖誕節有關，那不就只能一年辦一次活動？

上列兩點是有關品牌故事的類型，以及該注意的訣竅和重點。但是對現在的我來說，我會以第一類的故事為優先，因為對中小企業賺錢的效率最高，所以我不再花費時間寫推理案件了。你也可以想想自己需要的是什麼樣的品牌故事。

所謂的品牌故事

☑ 創意只是噱頭，勾起購買欲才是重點。

☑ 與產品有深切關聯的故事才能帶來訂單。

| 創業這條路 |

別找朋友當合夥人

不建議找合夥人的原因很簡單，因為有99.999%的機率，你以為了解夥伴（大部分是好朋友），等到一起工作時，才會看清對方的真面目。創業不是遊戲，更不是童話故事，和朋友吃喝玩樂就好，不要扯在一起經營事業，只會讓你美夢破滅。凡事牽扯到利益關係，再好的感情也會生變。當然是有可能在經歷過風風雨雨後，友情更堅定，只是機率太小，真實人生上演的大部分是連朋友都當不成。

選擇你的市場／戰場？

我定期會寫創業經驗的文章，並在不同國家投放廣告，測試各地市場。結果有趣的事情發生了——

有些國家的留言是：謝謝分享、從這篇文章學習到很多……

有些國家的留言都是批評！並不是批評文章內容，因為這些人連內文都沒看，就認為是詐騙，所以留言攻擊。

另外有一些國家，則是喜歡跟著文章內容發表個人看法，和其他人熱烈討論。

當然我不方便跟你說這些反應分別出自哪些國家，不過這些留言確實給了我更多線索，知道怎麼和不同國家的人溝通；還有，我該避免在哪些國家花太多精力。

你做生意的時候，或許不需要和其他國家的人打交道，但是我的經驗，卻和你有很大的關係！同樣的現象不是只發生在各國，就算在同一個國家裡，做生意時瞄準了什麼市場、客戶，也會得到不同的反應。

案例① 平價美食的地雷

我認識一個做日式料理的老闆，食材用得非常好，價格也很便宜。有一天，他生氣地跟我抱怨，說在Google的評論裡，有人覺得他的料理CP值太低，生魚片分量太少！

他說：「別家店的分量多，可是用的材料很爛啊，客人如果想吃爛材料做的大碗生魚片，我也可以端給他們！」

我說：「吃得出你食材好的客人，本來就屬於少數。」

他嘆了口氣，點點頭。我繼續說：「今天你的店開在低價餐廳聚集的地區，然後價格又賣這麼便宜……」

他接著說：「所以就有這種客人，只在乎分量和價格，不懂品質。」他頓了頓又說：「我寧願這種人不要來，少賺一點也沒關係！」

問題出在哪裡？出在客人身上，還是老闆身上？

自古以來有句很難聽的話：見人說人話，見鬼說鬼話。在商場上也是類似的道理，你面對什麼市場，就該用適合「那個市場」的方式溝通，做出適合「那個市場」的產品。

我賣巧克力蛋糕，也是使用高品質的物料，如果我今天面對的客人，是一群只想要大分量、低價格的人，那我肯定賣得生不如死，因為我得花好幾倍的精力說服他們買——但是說服成功之後，會發生什麼事？結果很簡單，因為他們只在乎分量和價格，吃不出品質好在哪裡，就會覺得我賣得太貴、東西不值得，然後上網給負評。

所以我在賣蛋糕的時候，會用各種方式瞄準市場，確定我的客戶是吃得出好食材的人。例如我的廣告文案不會去強調分量、折扣，但我會說明價格，讓客戶知道為什麼我的東西比較貴；只重視價格和分量的人，看到這樣的文案，自然不會被吸引。

但是，如果我的廣告不斷強調蛋糕的分量紮實、折扣難得，重視CP值的人就有機會被吸引，結果是什麼？除了我因為下折扣而利潤變少外，這些人也會失望，因為我的產品打從開始就不是針對他們設計的。

案例② 貴出口碑的實力戰

店家「誠實」也是非常好的篩選方式。

很久以前，我在網路商城亂晃，看到一個店家，他賣的東西比別人貴很多，一千美金的產品，硬是比別家商城貴了一百美金！他在介紹裡也很誠實地寫道，雖然和別人賣一樣的東西，可是他的定價比其他人貴。

他同時強調，因為他會挑最穩定的廠商進貨，所以價格才貴，客人收到產品才有保障；他也老實說，產品不可能百分之百沒問題，只能盡力。接下來他用行動證明，累積信用，幾年下來之後，他的生意超好。

他的價格貴，可是銷售出去的數量是其他店家的好幾倍，更重要的是，他篩選了客戶：在客戶評價裡，他的好評最多，而且完全沒有人抱怨價格。因為他的定位、作風、文案，已經篩選了客人，願意到他那裡去的，都是寧願多花一點錢，也不要商品運送途中出問題的人。

只想挑最便宜價格的客人，自動就會略過他的商城。

如果你賣的東西品質普通，價格便宜又大碗，卻花很多心思在強調品質的話，同樣也會有反效果——你會吸引到注重品質的客人，以為你的品質可以媲美高價品，結果買回去後發現並不如他所想像的好，就會給負評或是公開抱怨。所以你要小心自己的文案和定位，甚至是粉絲專頁的圖片，會吸引到什麼樣的市場。一個不小心，可能就會吸引到不對的市場，顧客消費之後不滿意，就會造成負面影響，例如負評、客訴。

回過頭來看我的朋友，因為他的地點、售價會吸引到各式各樣的人，所以我可以肯定，未來還會繼續碰到類似的批評。除非想辦法用各種方式瞄準好市場，不然就只能習慣了。

不要認為用心做的產品，總有一天會讓所有人認同，那是不可能的。**不同市場，有他們各自認同的產品，是水火不容的。**

設好戰場，找對客群

☑ 專心替目標客戶帶來價值最重要。

☑ 不要討好所有人，你無法讓全部的人喜歡你。

| 創業這條路 |

真實心聲
比向大公司借鏡更有用

常有新聞媒體或書籍雜誌，愛拿大企業的做法和經驗來歌功頌德一番，教你該怎麼做。這種東西看看就好，因為絕大多數並不適合中小企業。想要吸收有用資訊，不如直接上 FB 追蹤各個中小企業經營者，他們在閒暇時所寫的感想，幫助非常大；或是加入創業行銷討論社，觀察各行各業在經營公司時的現實面，這些都是在新聞報導上很難看到的真實心聲，對你才真正有幫助。

培養美感

美感和創業有什麼關係？

要知道人類的大腦運作，眼前的產品能否帶來好感，是他會不會購買的關鍵因素。

「購買」這個行為本身就是不理性的，一切以感覺為主。產品的外觀、包裝、品牌Logo、店面裝潢、官網呈現，全部都會帶給人舒服或不舒服的感覺，進而決定是否購買。

但是你一定看過某些官網或是路上的廣告文宣，不僅難看，甚至是亂七八糟，難道這些老闆不懂什麼叫「美」嗎？

每個人都懂得判斷「美」和「舒服」——這是與生俱來的。但是當自己實際在做的時候，卻沒辦法把這種能力拿出來，判斷設計師做的東西美不美，所以才需要「培養美感」。

只有對美的事物更加了解，才有辦法正確地判斷。

有人認為美感很主觀，每個人覺得好看的都不一樣，確實是這樣沒有錯，但是讓人感覺舒服的畫面，有很多共通點，整理如下：

美感的4個基本關鍵

個人認為，美感與否在於四個關鍵，分別是乾淨、整齊、色調與比例。

●**乾淨：**陰暗骯髒的廁所和乾淨明亮的廁所，哪個漂亮？這雖然是個誇張的比喻，但現在很多人都是自己拍攝宣傳照，除了注意背景不要出現髒汙外，更要注意照片有給人「乾淨」的感覺嗎？

●**整齊**：沒有人會喜歡亂七八糟的畫面。隨便上網去點開不同的官網看，哪些整齊、哪些凌亂，眼睛看到，心裡就會有感覺。

●**色調**：每種顏色都會給人不同的情緒感受，例如紅色激情、藍色冷靜、綠色放鬆等等，將這些顏色再細分，淺綠、墨綠、祖母綠……不僅有不一樣的代表意義，感受也更不同。

●**比例**：一個漂亮、正確的比例，會在無形中讓人感覺畫面的美。例如知名畫作《蒙娜麗莎》、《最後的晚餐》；建築物埃及金字塔、巴黎聖母院、法國艾菲爾鐵塔，都運用了黃金比例的原則。

雖然Logo、包裝、官網的設計可能是找專業人士處理，但是真正能做出具有美感畫面的設計師屬於少數。加強個人的美感，才能判斷設計師做的東西到底好不好。

日常加強美感的方法

- 多去美術館、博物館參觀。別只是看，記得多善用導覽；沒有真人就利用語音。
- 多看鳥類圖鑑、昆蟲圖鑑，這些生物的配色美得令人屏息，再偉大的藝術家都要向大自然學習。
- 學習顏色的意義和感覺，學習畫面比例帶給視覺的影響。

先具備美感能力，才能找到對的幫手

我在籌備公司時，為了找人設計包裝，特地跑去設計展尋找喜歡的設計師；上百個攤位裡我只看上一家。和業務人員談過後我決定約時間拜訪設計總監，請他們設計蛋糕盒。我還記得那時候很擔心地問：「大概要多少錢？會很貴嗎？」

因為我的資金不多，每分錢都要斤斤計較。

到了約定日子，我站在設計公司大門前，倒抽了一口涼氣——在我的想像中，應該只是間小工作室；結果出現在我眼前的，是商業大樓裡的巨大辦公室，裡面有很多的專業設計師忙進忙出。

我心裡想：「完了，這價格大概會貴到我付不起，趕快談談就走吧。」

會議一開始，我就開門見山地對設計總監說：「真的很不好意思，我的錢可能不多……」

總監回答：「沒關係，你先介紹自己的經歷，讓我認識一下。」

我心想：「介紹我的經歷，和你設計東西有什麼關係？」但還是把過往經歷、預計要做的蛋糕計畫、福爾摩斯的品牌故事告訴他；

對方沉思了一會兒說：「我知道了，星期五傳報價單給你。」

結果讓我非常驚訝，因為價格比我想像中便宜很多！事後我才知道，原來設計總監覺得故事很吸引人，設計起來會很有趣，所以願意用比較低的價格來做。

於是我們開始合作，設計團隊也交出令人滿意的成品，讓我的產品成功吸引到許多部落客後，更被 Yahoo! 編輯看上，免費放到首頁曝光。那個時候，想把產品放到 Yahoo! 首頁，一天要六十到八十萬元的廣告費，但我卻被免費刊登，雖然版位完全不一樣，可是效果非常好。

還記得登上首頁那天，我太太從早上開始接訂單，接到半夜都還沒時間吃飯！接著又因此被新聞記者注意到，我就這樣上了生平第一次的電視。

品牌故事串起一切

為什麼團隊的設計會這麼吸引人？除了把設計風格圍繞在品牌故事外，還把我這個人的特質一併考量進去，這也是為什麼見面的時候，他要我介紹經歷，就是為了讓品牌呈現的調性跟我相符。所以當我用自己的個性寫出廣告文案，會讓人覺得和品牌是一體的，特別吸引人。

另外，也因為我具備了判斷美感的能力，選對了設計公司，他們才能做出驚人的作品，讓我有了初期的成功；沒有美感，怎麼在上百間設計攤位中挑到這一家？

還有寫出吸引人的品牌故事，總監才願意用較低的價格來做，這些都是有關聯的。

而美感帶給我的好處不是只有這一次，接下來多年的創業，也因為美感讓我在廣告行銷上省下很多力氣，舒服的畫面也更容易說服人購買——因此，我強烈建議老闆們絕對需要培養美感。

成功的品牌設計包括

- ☑ 你可以不懂設計，但要有美感。
- ☑ 讓設計師懂你的故事。
- ☑ 圍繞品牌故事，文字視覺才能相得益彰。
- ☑ 舒適感為客戶的下單隱形加分。

創業不能靠運氣

——對錢要謹慎、對產業要做功課、對行銷資源要熟悉，把握好這三「鑰」，才不會運氣不好就死掉……

如何不靠運氣，成功創業？

相信你一定常常聽到這種故事：

有個志向遠大的人，為了創業，進入相關行業學習好幾年，借了一大筆錢，開了公司投入戰場。結果策略失敗，公司倒閉，負債太高，永遠爬不起來。

——這樣的故事情節是不是很多？

對我來說，這種創業方式就像賭博，運氣好的一％賺大錢，運氣差的九十九％輸到永世不得翻身。就算是最厲害的企業家，也不敢保證開一百間新公司，每一間都能成功，因為各種變因太多了。

星巴克很賺錢、很厲害吧？但是不久前，它在歐洲的業務不順利，賣掉了八十三間門市經營權。

「假設」星巴克選地點的策略，九十%會成功，十%會失敗；「假設」你跟星巴克一樣厲害，一樣會選地點，但你仍然有十%的機率失敗，這不是很危險嗎？星巴克失敗十間店，可以靠其他成功的九十間店補回來，對他們來說這不是運氣問題，是可以「控制」的。

但是你只有一間店，你的身家全部都在一間店！

如果你中了那失敗的十%機率怎麼辦？

這就是運氣！

而且剛創業，不可能像星巴克一樣厲害，現實狀況更有可能九十%以上的產品、策略是失敗的，剩下不到十%才有機會成功。

根據統計，一百間新創的公司，五年內會倒掉九十九間，這就是原因。創業就像踩地雷，厲害的企業家踩到地雷的機率比較低，但絕對不是零（選錯地點、重大策略錯誤，導致公司經營不下去，都叫地雷）。

雖然踩雷的機會較低，但仍有機率踩到，這叫「運氣」；但是**每一次踩到雷，都可以活下來、重新開始，那就叫「控制」。**

控制與運氣的差別

我看過一個賣素食的老闆，現在有幾十間連鎖店。但他剛開始創業時，是用很老舊的小貨車當店面，後來才慢慢調整、擴大，而不是一開始就砸大錢，開一間美美的餐廳。

偏偏很多人創業，是一開始就砸大錢。

比方有間和我大約同時間擴大營運的甜點店，一年之後倒了，並舉辦器材出清拍賣，於是我到他的工廠看。然後，我傻眼了。

我知道他的月營業額只有七十萬，而我的營業額是他的好幾倍，但是他的器材設備費用卻是我的好幾倍！

幾十坪的冷凍庫，我買二手的不到二十萬，他買全新的將近五十萬（我的二手冷凍庫用好幾年才需要修一次，都是當天就修好）。烤箱我買耐用穩定的，他買最貴的（價格是我的三倍）。還有其他各種昂貴的機器，我沒買的他都買了，加一加好幾百萬——聽起來匪夷所思，可是很多創業的人都在幹這種事。

我身邊創業能夠成功的朋友，全部都是初期不敢亂花錢，所有開銷省到不能再省，慢慢爬起來的。如果你也在創業初期，好好想一想這幾個問題：

- 器具真的要買全新的嗎？
- 真的需要租一間辦公室嗎？初期沒賺錢，不能用自己家當辦公室？
- 裝潢有需要花下去嗎？
- 真的要直接開店面嗎？不能先用寄賣、網路販賣等方式測試嗎？
- 現在就要請員工嗎？不能請家人偶爾幫忙？
- 有需要直接在精華地段開實體店嗎？不能先在便宜的地點開店，裝潢壓低，看看反應？

如果你很有錢，那就沒差，反正地雷怎麼踩，總是可以爬起來。如果你沒有錢，就要考量所有的新計畫，如果踩到地雷了，自己能不能馬上東山再起？

答案若是不行，就要想盡辦法，用最低成本測試新計畫的可行度。測試再測試，然後慢慢擴大。但是必備的基礎功還是要打，不懂會計、行銷、管理，爬起來一百次也沒用。基本功愈強，命中機率就愈高。

創業沒有好運這件事

- ☑每個人都會踩到雷。
- ☑踩到雷後能東山再起就是控制。
- ☑用最低成本測試新計畫。

| 創業這條路 |

不要隨便相信「專業」

有句常講的話「信任專業」，但其實真正專業的人少之又少，很多人工作漫不經心，也不是真心想解決你的問題。做生意時，只要供應商、合作廠商，甚至銀行窗口隨便回應你，就會造成巨大損失。溝通時，若對方跟你說沒辦法或讓你有疑惑，那就多問幾個不同的人，會發現答案根本不一樣。就算對方的回答是你想要的，也要抱持懷疑，因為可能根本就沒這麼好康。

了解才能有更好的準備

貝克街剛開始經營的時候，除了賣蛋糕，我還有做實境密室逃脫，不過是用另一個品牌名字「SIN 犯罪案件簿」。

密室逃脫，是從日本引進的實境遊戲——把公寓打造得像電影場景一樣，在裡面設置各種謎題和機關，玩家需要一個一個破解才能逃出去。那時候在台灣賣得很好，我很好奇，決定去玩看看到底怎麼一回事。

第一次去，幾百名玩家被關在一個大空間，開始解紙上的謎題，破解之後就可以離開，票價是每人四百五，票一開賣就被秒殺。第二次是去一間公寓，裡面隨便擺了些謎題和破爛的道具、鎖頭，沒有任何機關，票價是每人六百五，票開賣後一樣很快就秒殺。

玩完之後，我心裡浮出一個想法：「我也要做密室逃脫。」

回到家，我馬上開始設計遊戲、找房子。幾個月後順利開幕，但也發現事實完全不是表面想的這麼美好，有太多成本是我跳進來之前看不見的！

例如想要遊戲精彩、場景逼真，營造讓人身歷其境的感覺，最少要花五十到七十萬台幣。想在五十萬內的預算做出厲害的遊戲，除了設計難度很高之外，老闆自己也要懂得怎麼做木工、設機關、水電，不然找專業的師傅做一定會超出預算。

而且辛苦完成一個遊戲，客人只會來一次，畢竟答案都知道了。

沒過幾年，密室逃脫倒掉一大片，只剩下我那幾個朋友，靠著驚豔的遊戲設計在市場上稱霸。

碰巧那時貝克街開始有起色，所以我放掉密室逃脫，專心衝刺蛋糕的生意——這是一個非常深刻的教訓，不要表面看到哪一個產業賺得很多，就急著跳下去，每個產業背後都有它看不見的成本。

沒有試過，什麼也不知道

所以建議創業之前，可以先去有興趣的產業工作，了解一下現實層面是什麼；不過這樣可能還不夠，因為就算當了員工，也看不見老闆需要面對的成本壓力、危機，這也是為什麼很多員工總覺得老闆很好當，賺一堆錢事情又少。

另外一個做法，是在消費的時候盡量和老闆聊天，厚臉皮地什麼都問，坦白表示自己也想投入，有沒有什麼成本和困難是自己看不到的？

若對方不願意說，找其他老闆問就好，不會少一塊肉。

重點是要坦白承認自己也想做這一行，才不需要遮遮掩掩的，想問什麼可以直接問。

但有些問題比較敏感，需要有技巧，就像問薪水，你不會直接開口說：「你的工作一個月多少錢？」可以稍微好聽一點的問：「你公司的新進人員，一開始可以領多少？」

想要知道營業額，可以問：「像你們的對手品牌，那樣規模一個月可以做多少業績？」或問：「像是你們對手公司的品質和售價，原料成本大概會是多少？」

這樣聽起來比較不刺耳，又可以知道產業大概的狀況；這也是我常用的方法，自己先坦承就對了。

如果你在創業之前，先用這樣的方式了解產業，可以讓你事先有更好的準備。

沒看到不代表不存在

☑你以為的賺得多不是「真的」賺得多。

☑了解背後的成本很重要。

居安思危、超前部署

有一句話說「站在風口上，連豬都會飛」，意思是做生意遇到好機會，笨蛋也可以賺到錢。FB廣告剛崛起的時候，就是這種情況，廣告費便宜，效果又好，在FB上打廣告的店家都很好賺。

我的公司曾有幾個月時間，搭上那段好日子，廣告隨便打、隨便賺，但我仍不斷在思考：哪天FB出了意外，我該怎麼辦？為此，我繼續學習行銷技巧、做各種準備，甚至花了一年的時間做出新的官網，提升網站的轉換率。

就在新官網準備好的時候，之前擔心的事情果然發生了：大家看到FB廣告好用，紛紛搶著砸錢打廣告，導致所有人的廣告效果大幅下滑，費用也增加好幾倍，一堆當初賺得笑呵呵的電商老闆瞬間驚慌失措，一家一家倒閉。而我的新網站因為提高了網站轉換率，剛好和FB下滑的廣告效果相抵銷，讓我非常驚險地維持住業績。

就算如此，我還是「居安思危」，繼續精進文字行銷的能力，並拍影片廣告。又過沒多久，網路廣告效果再次下滑，不過因為我已做好準備，靠著更好的文案和影片廣告，度過了危機。

即使是現在，我還是不斷地在替可能出現的危機做準備。

網站轉換率

即瀏覽網站的人中有多少人消費的比例，比例愈高愈好。

若一百人中有一人購買，轉換率就是一%；若提升到二%，雖然數字上的差異不大，但代表的意義卻是業績成長一倍！而影響轉換率的關鍵，在於消費者逛網站時的體驗優劣：速度快嗎？畫面字體清楚嗎？可以刷卡嗎？感覺一差，零點幾秒的時間客戶就會跑掉。如果設有官網，一定要注意這個數字。

好用的 Google Analytics

另外，我推薦一個免費軟體——Google Analytics。下載安裝在官網後，它會告訴你每天有多少人來網站、這些人又是從哪裡來……非常多的寶貴資訊。

學會操作 Google Analytics，就可以根據網站的數據，早一步看到潛在的危機。例如我就是透過這個工具，發現用手機瀏覽官網的人一直提升、用電腦的人一直下降，讓我警覺到一定要趕快把手機版的官網做好。果然，現在的官網如果沒有手機版，根本沒人想逛，幸好我提早反應，不然業績就要大幅滑落了。

永遠為未來的危機做準備

☑ 好賺時要想著危機發生時。

☑ 用 Google Analytics 找出潛在的危機。

| 創業這條路 |

避免「死」

這個「死」，不是公司倒掉，而是指真的死掉；創業是非常危險的事，是會真的出人命的。我身邊不乏朋友為了公司的經營，天天工作十幾個小時、每天睡不到四小時，最後身體承受不了倒下。如果你還沒創業，請了解這世界是很可怕的，一定要顧好身體，固定運動、控制飲食、充足睡眠等等都要做，不然人倒下，一切都沒有意義。

建立你的賺錢模式

賺錢模式，比較專業的講法是「商業模式」，因為我建立賺錢模式的方式，不只適用於公司經營，也適合單純想賺外快的人。我將以簡單的方法說明，並以個人為例，我是如何找到自己公司的賺錢模式，你可以依同樣道理套用。

觀察①：模仿同業的賺錢模式？

前面提到，以前FB的廣告費非常便宜，廣告隨便打都可以賺到錢，我也嚐到了甜頭。不過我一直抱著居安思危的心態，知道這種好日子不可能太長久，一定要有其他方法。那時候我的賺錢模式很簡單：

因為廣告費便宜，便直接砸錢，產品賣出去，賺到錢。然後再從頭開始，砸錢、賣產品、賺到錢，如此一直循環。

你可以看到，這個賺錢模式能成功的前提，是建立在FB廣告便宜的情況下，如果FB有狀況，我就會瞬間垮掉。所以我開始研究不同的賺錢模式，從最簡單的日常生活開始觀察，例如餐廳：

選在好地點開店↓好地點有廣告效果，讓人知道有這間餐廳可以去光顧嘗試↓東西好吃↓口碑好，客人回流

看到這個賺錢模式，我馬上就思考，我可以用這樣的方式嗎？

分析之後發現不行——餐廳是民眾生活的必需品，肚子餓，就會想到上餐館吃飯，老顧客回頭光顧的次數就高；而貝克街的主力產品是生日蛋糕，不是必要的東西，有誰每個星期吃生日蛋糕？

我需要找其他賺錢模式，所以又看了各家蛋糕店的做法（但蛋糕店的模式和餐廳幾乎一樣）：

好地點有廣告效果，讓人知道有這間甜點店，所以光顧購買↓東西好吃↓口碑好，客人回流

問題來了，為什麼蛋糕不是必需品，這些蛋糕店卻可以提升客人的回頭率，就像餐廳一樣？

東西好吃是基本，我另外觀察到的原因就是：品項多、價格便宜、有小尺寸品項，所以客人突然想吃點甜的，就可以直接進店家買了帶走。

回過頭來看我的產品：種類少、蛋糕貴、沒有小尺寸品項、只在網路上販售，就算客人突然想吃甜點，也不會把我列入考慮，因為宅配需要時間，他需要的是，可以馬上解決他想吃甜點的慾望，而不是等好幾天蛋糕宅配到家。

我有兩個選擇，模仿那間生意好的蛋糕店，或是改變賺錢模式。

模仿的選項我直接刪掉，因為要做出便宜、品項多、尺寸小的蛋糕，所要付出的代價不是①壓榨員工的勞力——我可不想一天到晚被勞動部找麻煩；就是②不請員工，自己做到死——這就是「便宜」的代價。

當然可以再想想，要做出超便宜的蛋糕，得用什麼原料？答案不用我說，大家也可想而知。

觀察②：不同行業的賺錢模式

同業的商業模式我不能用，為了突破這個狀況，我找各種書研究、上不同的課，也繼續分析其他產業的商業模式。

不要覺得產業不同，模式就不能套用，這是錯誤的想法；不同產業的成功方式，有時候是通用的。

後來我看到某個家電經銷商的模式：

打廣告↓銷售商品，例如除濕機↓顧客短期不會購買同樣商品↓老闆主動找不同種類的家電，例如空氣清淨機，通知老客戶↓如此循環

某間賣衣服的店：

大量實體門市吸引客戶上門↓廣推APP，想辦法讓每個上門的客戶加入APP↓每有新款上市便用APP通知，把老顧客拉回來↓如此循環

另一間賣衣服的：

直播試穿新款商品↓邀請觀眾加入LINE↓發LINE推銷↓如此循環

要注意，我所講的賺錢模式，不是只做一次的促銷活動，而是公司可以循環操作，固定賺到錢的方法。所以上面提的例子，都是這些公司賺錢的固定模式。

為自己量身打造的賺錢模式

分析很多產業的做法，加上我到處上課，並且大量閱讀商業管理書籍，開始抓到一個方向，做出類似的賺錢模式：

從網路廣告、官網、傳單、老顧客等管道讓客戶留下email↓每次推出新產品便私下通知老顧客，給他們隱藏優惠↓如此循環

為什麼我不用APP、LINE，喜歡email呢？那是因為我常寫文章給客戶，而這些文章，我覺得用email的方式寄出最適合，就像收到朋友的信一樣，所以我如此選擇。

我不需要猛打廣告，找新客戶，傻傻地等著老顧客哪天突然想吃我的蛋糕，才回來訂購。用這種方式，老顧客回頭光顧的次數提高好幾倍，我只要專心做出好的產品就好。

經過各種測試後，我發現這一套賺錢模式最適合網路行銷的店家使用，因為成本最低、效益最高而且持久。

現在來看，要怎麼找到自己的賺錢模式？如果你是做生意的人，首先要找各種行業來分析，不要侷限於自己的產業。因為有時候你所屬的產業，可能根本沒有適合你的賺錢模式，反而可以在其他行業裡找到蛛絲馬跡，所以不要帶著任何成見。

而且美國的行銷大師傑・亞伯拉罕曾說過，他幫助企業賺最多錢的方式，就是拿不同產業的賺錢模式互相套用，效果很強。至於要怎麼知道各產業不同公司間的賺錢模式？有幾個方法可以參考。

◆參加經營者的講座

現在很多事業有成的老闆，很願意分享自己的賺錢方式，更好的是，這些講座都很便宜，我就是以參加講座的方式去接觸不同的賺錢模式。

加入這些公司的 LINE、粉絲專頁、IG、官網會員等等，看看他們都發一些什麼通知，從這些通知裡，可以找到線索知道他們的運作方式。

◆閱讀商業雜誌

商業雜誌裡常有成功老闆的採訪，他們在裡面同樣也會大方地分享自己的做法。

◆閱讀行銷相關書籍

要從書裡直接找到別家公司的賺錢模式，會比較難，因為書裡多數講的都是大公司的成功方法，不一定適合小公司。可是讀書的原因是，在你熟悉行銷的做法之後，會更容易看出其他公司的賺錢模式；看到各個產業的賺錢模式之後，再來檢查自己的產品，是否適合這樣做？

有可能你會直接看到一個，是能百分之百學習照用的，那是最好；如果找不到，就挑一個最接近你喜好的模式，然後做些調整。像我就是學習那間以APP為重點的服飾品牌，吸收微調後，變成我自己的賺錢模式。

剛剛講的是做生意的情況，沒創業的人，怎麼找到自己的賺錢模式？做法是一樣的。看看其他沒有當老闆又賺得多的人，是怎麼辦到的？兼差好幾份工作、在大公司當主管領高薪、有特殊技能、下班時間做網拍、當網紅、投資、當部落客、接外送……全部列出來之後，再看看自己適合哪一類？（就像我會觀察餐廳和蛋糕店的模式，跟我的產品合不合）。

假設你發現自己的情況最適合去投資，那就去了解各種投資方法，股票、基金、房地產……去上課、自己看書都可以。做完功課之後，確認股票最適合自己，就再深入了解那些靠股票賺到錢的人是什麼樣的賺錢模式？可能你會發現下面幾種：

- 使用技術分析，每天殺進殺出。
- 使用價值投資，找出優質公司，在合理的價格買入，長期持有。
- 只買股息股等著配息。
- 只買美國股票。

●只買台灣股票。

當然還有很多，等你分析了解後，再從中挑出適合自己個性的其中一項或幾項，組合起來做，就成為賺錢模式。不只股票，這方法同樣可以套在分析網紅、部落客上，找出適合你的賺錢模式。

想找到賺錢模式，你需要做不少功課，這是無法避免的。可是一旦找到正確的賺錢模式，你會輕鬆很多。

適合自己的賺錢模式很重要

☑多方觀察、多方學習、跨界刺激效果最大。

☑吸收後消化再運用，就是你的。

從貧窮到爬起來的轉折點

——創業是條無法停下來的路。學習進修很重要，但是懂得運用，才是竄出頭的關鍵……

帶我向上的行銷練習

貝克街剛開始經營時，業績慘不忍睹，直到登上 Yahoo! 首頁、被新聞媒體注意到；但是只維持一個星期又被打回原樣。

我原本的幻想是，被新聞媒體報導過了，公司就會像遊戲破關一樣，從此過著賺大錢的幸福生活——電視上的創業故事不都這樣演的嗎？

直到被報導後，才發現根本不是這麼一回事，業績只有曝光的那一、兩天比較好；現在的新聞資訊太多太快，滿街都是報導過的「知名店家」、「網路紅店」，大家已經麻痺了。

許多人以為的創業，是公司會碰到某個關鍵轉折點，接下來業績就會爆炸般地突飛猛進。可是現實生活並不是這樣，而是日復一日、一點一滴地進步。

貝克街的業績能一步一步往上爬，最關鍵的因素在於我大量閱讀各種行銷書籍，到處找成功前輩請教，還有自己花錢上行銷課程。就算是最窮的時候，一樣想盡辦法湊錢去上課。

日積月累，我把學到的技巧一件一件套在實際操作上，讓公司進步，愈賺愈多。

所以關於我自己，轉折的關鍵就是學習進修，並把所學技巧實際運用出來！

一本書很便宜，可是裡面卻包含了作者挫敗的經驗、成功的訣竅，是非常划算的投資；特別是在我手頭緊的時候，有這麼平價的資源讓我學習，真的很幸運。雖然當老闆很忙，但絕對不能停止學習與進步，不然很快會被市場淘汰。

另外一個關鍵，是我學習的方向，有很大的比例是放在「行銷」上面：**這是公司初期最重要的事情**，沒有行銷哪裡來的錢？管理類的書，等公司有能力把東西賣出去，需要請員工的時候再看吧！

要記得，看了書之後一定要實際運用出來才有用，而不是看完之後讚嘆一句：「這書寫得真好啊！」然後就把書裡教的東西拋到九霄雲外，那太可惜了。

順帶一提，傑克．屈特所寫的《行銷大師的十堂課》可以說是貝克街的命脈。我從這本書裡吸收到太多重要的觀念，整間公司的發展，幾乎都和他的書脫離不了關係。

屈特的著作很多，主要都和定位有關，而《行銷大師的十堂課》是用故事的形式來教導行銷概念，淺顯易懂，對初入門的人來說馬上就可以讀完。雖然簡單，絕大多數的公司卻沒能實行書裡傳授的知識，而有做到的公司，生存機率則提高許多。

關於那個轉折點

☑ 停止學習就等著被淘汰。

☑ 學習行銷是關鍵。

| 創業這條路 |

永遠保持客觀

不只是創造讓客戶滿意的產品需要「客觀」，管理者更需要「客觀」。換了位置換了腦袋，是職場最常聽到的話；老闆也是員工出身，為什麼一當上老闆就不懂員工的想法了？如果你在經營上遇到困難，就去想想以前當員工時都在想什麼，自然就能釋懷。也不用奢望員工可以體會你的感覺，除非他們未來也會當老闆，否則永遠不會知道你面對的是什麼樣的地獄。

使用顧客聽得懂的話

剛開始創業的時候，我有一個觀念，那就是：東西一定要獨特，客人才有買的理由！

因為我在賣高級巧克力蛋糕，就想：用「莊園」這個特色來主打好了。莊園巧克力的意思是，可可豆生長的地區不一樣，吃起來的味道也不同，有些是水果的酸香，有些則是木質熏香、花香等等。

我的構想是列出五個莊園，分別做成五款蛋糕當作賣點，因為巧克力很高級，普通商店買不到。然後，開始執行這個構想、試賣……結果慘不忍睹。

我想破了頭，試圖找出失敗的原因。創業菜鳥第一個想到的就是**價錢**，因為莊園巧克力很貴，用它來做蛋糕，定價不可能壓太低

（那時候賣六吋蛋糕，一個九百多元台幣）。但我又想到，某家巧克力蛋糕店也是差不多的價錢，可是生意卻很好，就代表價錢絕對不是唯一的原因。

難道是不好吃？品牌才剛開始，就算不好吃，也不可能傳得大家都知道，所以我撇除這個原因。**名氣不夠？**我又研究了一下對手，發現他們初期賣得好並不是因為名氣，而是在於行銷。

在做了很多研究，還有學習行銷觀念之後，我發現最大的問題，就是**我在嘗試說服客戶買「他們不熟悉的東西」**——莊園巧克力很少人懂，要把它當特色說服客戶花錢非常難，因為一般大眾對於不了解的事，最直覺的反應就是抗拒，關上耳朵。

得到這個結論，我想到兩個選擇：

- **繼續堅持做莊園巧克力，日積月累後成功。**

●放棄莊園巧克力，用大家熟悉的產品來說服。

但我不想放棄莊園巧克力，因為我想做出品質好的東西，也想要賺錢——創業家有一個很重要的精神，那就是盡量「魚與熊掌都要兼得」！所以我結合兩者，用莊園巧克力，搭配大家熟悉的東西，這裡我舉兩個例子：

案例① 威士忌巧克力冰淇淋

一樣是用品質好的巧克力，但是行銷重點放在「威士忌和巧克力蛋糕的結合」。

客人對威士忌很熟悉，光是看到文字就能想像味道，更重要的是，這兩個名字組合很吸引他們，我不需要花太多力氣去說服，所以產品一推出就大賣。

案例② 消失的莊園

這個範例是結合消費者的心理弱點。

那時候有一個莊園，它產的巧克力帶有龍眼香氣，但是卻要關閉了（用來種其他更賺錢的作物），以後再也吃不到這款巧克力了。

人類有個弱點就是怕買不到，才會有所謂的「飢餓行銷」，但我不是故意要減少產量，而是莊園真的要關閉了。我買下莊園所有的巧克力，用「消失的莊園」為主題，結果大賣。雖然客人不熟莊園巧克力是什麼，但是「莊園要消失了」這件事就讓它充滿吸引力。

不過這種方法無法常用，畢竟莊園關閉不常發生，所以我最常用的是前者結合客人熟悉的東西，幫助我把產品賣出去。

當自己的客群，才能貼近真實的客群

之後過了好幾年，我也培養了一批老客戶，即使是沒有花俏的噱頭，單純的莊園巧克力蛋糕，他們也會買單，因為他們已經了解這是什麼樣的產品。

雖然這是烘焙業的經驗，卻可以套用在各行各業，在市場上，**每次有新產品出現，都要結合大家熟悉的東西（或概念）才好賣。**例如當初的智慧型手機，結合了電話、電腦的功能，都是大家熟悉的產品，說服的阻礙就低了很多。

如果你的產品大家非常陌生，一定會賣得很辛苦。遇到這種情況，最好的做法就是結合客人熟悉的產品或是概念，行銷才有力。

不過要記得，需要了解客戶，你才會知道什麼東西是他們熟悉的、他們喜歡的。就像威士忌巧克力，萬一我的客群對威士忌沒興趣，那我推出這一款產品就完全沒用。可是我對自己的客群做過研究，我自己也是這客群，我知道威士忌的香氣會吸引他們（我不喝酒，但喜歡用酒做調味時的香氣）。

很多老闆只是為了賺錢才賣產品，對產品根本沒有半點興趣，這樣的情況，對客戶自然是一知半解。例如，你在賣乾燥花，但是在踏入這行前會去其他店家買乾燥花，來送禮或當裝飾嗎？如果不會，至少也要在入行後去買別人的乾燥花來用。要是都沒有做，就代表你不是自己的客群，無法真正了解客戶想買乾燥花的心情、理由、痛點。

一直到現在，我都會買各種品牌的甜點來吃，不只是研究，更多是單純的享受，這會讓我更貼近客戶想法，而不是抱著這種心態：**「我的東西最好吃，幹麼還買別人的吃？」**教學也是，我到處去上其他老師的課，所以我很了解學生會碰到的問題。

最後，如果你不想改變自己的產品，不想迎合客戶，可以一點一點地教育他們嗎？當然可以，也有人堅持不變，久了之後舞台就是他的。危險的是，很可能撐不到那時候就倒了，所以如果想要用這種方法撐下去，盡量壓低風險和開銷，才能撐到成功的一天。

不過有一些產品，不做改變的話撐一百年也不會賺錢，所以我個人不建議產品什麼都不變的做法，除非你很確定問題不是出在產品，而是其他地方。

讓每個人都懂你的商品

☑ 善用顧客熟悉的字眼。

☑ 研究人性與了解人的心理（弱點）。

☑ 你需要讓自己成為目標客戶。

| 創業這條路 |

當老闆
不會更有錢、更自由

多數人對創業的幻想，是當上老闆之後就會更有錢、有更多自由的時間做想做的事。但現實卻是當你踏上創業這條路，工時絕對比員工長，入袋的錢卻比員工少，甚至要拿存款倒貼；還要承擔巨大壓力，擔心公司破產、忍受員工私底下的謾罵……請做好準備，你將面對的是地獄，而不是錢多事少的天堂。

—專欄—

別在租店面時死不瞑目

教戰① 尋找方便客戶上門的地點

我做過實境遊戲和蛋糕業，同時又有幾次擴大的經驗。關於找店面，我最常用的做法，是直接分析顧客住在哪一區，朝那個地區開店。

因為我是以網路販賣產品起家，手上握著所有客戶的地址，因此只需要：

● 把地址列出來。

● 匯入 Google 地圖，電腦會在地圖上排列出小紅點，每個紅點都代表一個客戶的地址。

● 紅點最密集的地方就是理想的開店位置。

這個做法很有效，因為每當我在那個地區開店，都會有一堆老客戶跑來說：「我常買你們的產品，沒想到你們開店開到我家附近。」這是當然的，因為我就是刻意找老客戶多的地方附近開店。

但是對於非網路起家的人，要找到適合的地點就得先做下面的基本功課：

◆先決定店面的功用

店面的功用有幾種，例如讓老客戶取貨、內用、吸引新客戶等等。

如果你的行銷模式，主要依靠網路和老客戶回購，不靠店面吸引新客戶，會比較好找，只要離捷運站近、靠近市區，租金又便宜就好。在小巷弄裡也沒關係，因為你不需要人潮。

如果你想靠店面吸引新客戶，就需要人潮，並多做一些功課，也就是接下來要談的：

◆瞭解客戶，並分析區域

調查區域人口數是基本的工作，除此之外，還要瞭解客戶——客戶是什麼樣的人？文青？單身上班族？小家庭？

如果你已經營業一段時間，自然知道他們是什麼樣的人；

若你還沒開始經營，就要看看和你類似的店家（而且要生意好的），他們都吸引到什麼樣的客人。

接下來分析你選的區域，是不是目標客戶集中的地方？人口多，但不是你目標客戶的話，也沒有意義。

◆在中意的地點從早站到晚，觀察有多少目標客群路過（持續幾天）

平日、假日、週末都要看，因為經過的客群、人數可能會不一樣。

要小心，如果你挑的店面位在大馬路旁，表面看起來人潮很多，但都是汽車快速通過的話，幫助就不大，因為開車的人看不到你的店。要在這條路上走路的目標客戶多，才有價值。

◆尋找類似的目標客戶

知道自己的目標客戶是什麼樣的人後，不妨觀察一下這地點，有沒有哪個店家的客戶也可以成為你的目標客戶，即使是不同產業也沒關係。

◆確認顧客的習慣

如果有這樣的店家，生意又不錯，那就要觀察這些客人是因為經過、注意到而被吸引進去，或者是直接進到店裡消費的老顧客？

教戰② 人潮是因為店家魅力而來？還是地點真的好？

如果東張西望後才進去的人很多，就表示這個地點的廣告效果不錯，可以吸引人到店裡。但如果上門的都是直接走進店裡的老客戶，那這個地點的優劣就有待商榷，因為人潮不是被地點的廣告效益吸引來的。

◆和鄰居探聽情報

看上想租的地點之後，問問附近的店家，那個點的租金是便宜還是貴？上一個房客離開的原因、人潮流量品質如何等等各種問題。多多打聽，可以得到非常多有用的情報。

另外要特別強調最關鍵的一件事，那就是你找店面的時候，一定要問自己：**租到這個地點，結果不理想的話，需要多久時間才爬得起來？**

教戰③　房東和你想的不一樣

關於租店面這件事，創業前的我，以為租間店面好好做，就可以做到天荒地老；但創業後的我，發現應該預估好它的壽命，用這樣的時間去談租期。

沒辦法，商場就是這麼險惡，一不小心死的就是自己。所以在租店面的時候，你一定要先**做好心理準備**，那就是租約到期時：

- **房租可能翻漲一倍以上**
- **房東不再續租**

做好心理準備，到底是什麼意思？簡單說，就是**計算好**在這地方至少需要租幾年才能賺回本？回本之後要賺幾年才會覺得划算，用這時間去談租期；**預備好萬一房東真的漲價或不願續租，你也可以承擔，是否賺到足夠的錢可以另尋新地點。**

例如你想開一間餐廳，計算過後發現至少要兩年才能回本，四年後才會賺錢，那租期是不是至少要談到四、五年？很多人預計兩年回本，結果租期只談兩年，這不是很危險嗎？萬一兩年時間一到、沒有賺到預期的錢，或是真的兩年剛好回本，結果房東不租了，豈不是都做白工了？

絕對不要相信房東說的話，先簽短約、未來絕不漲租、不會叫你搬等等，不管他看起來多老實都不能相信。**很多房東不願意租長約，因為他們會盤算也許未來租金可以更高，租長約**

的話，**價格就被卡死了**。

這時候你就要想辦法慢慢談，絕對不能妥協。真談不到你想要的租期，寧可另找其他店面。或是你計算過真的發生意外，也可以承擔，才租下房子，不要已經沒有辦法承擔意外了，還輕易簽訂太短的租期。

租的時候，還要注意的是**對方是不是二房東**？

如果是二房東，務必要拿到大房東的同意文件。我有個創業朋友就是遇到二房東，砸了上百萬的裝潢後被大房東發現，大房東很生氣地要收回房子，我朋友也就這樣賠到血本無歸。

假設你的店會用到比較大的電量，就要注意**房子的總電量夠不夠使用**；租之前先找水電行來檢查有沒有辦法申請加大電量。有人就是在簽約後才發現房子不符合加大電量的資格，把押金都賠掉了。

請會計確認**租屋地點能否登記公司也很重要**，如果不能登記公司，最好就放棄，否則被檢舉會被政府罰非常多錢。

注意簽約之後的裝潢期。一般來說，**裝潢期是不算租金的**。但房東通常只會給兩個星期，要是租金一直談不下來，可以退一步要求比兩星期更多的裝潢期。**務必要和房東確認什麼東西可以拆、什麼不能拆，統統要拍影片存證記錄**，萬一拆掉不該拆的東西，歸還時還被要求復原就麻煩了。

租金可以抵稅。有的房東不願意繳稅，有的是把稅金直接含在房租裡。對於不願意繳稅的房東，你也不可能要求他額外付稅金，因為有九成九的房東會叫你自己繳稅，不然就別租。我建議你就自己繳吧，雖然花更多錢，但是可以抵掉營所稅，反而更划算。

租房子有許多小細節，多多小心只有好處沒有壞處。

創業的時候，錢總是很大的問題。這裡有一份檔案，是關於我如何籌到創業資金的經驗，你在填寫email之後，檔案就會寄到你的信箱，未來我也會用 email 寄相關經驗給你。

第二話

／

產品

永遠都要記得，
你的產品不用討好所有人！

BaCo Street
Chocolate Cake

做好定位，不用想著滿足每個人

——確定你的四個象限：客人、成本、戰場與特色，找到自己的位置，從第一步就把事情做對……

所謂定位

定位簡單來說，就是你品牌和產品的「強項」、「特色」。這個世界上，同樣一種產品，有成千上萬的品牌，而客戶需要一個理由來選擇要買哪個品牌。例如汽車，隨便一舉就一大堆：Volvo、BMW、Benz等等，每一個人都因為不同的原因，來挑選想要的品牌。

你仔細看，就會發現這些車子的品牌，都給人不同的印象，而這些印象就是人們在選購時的重要依據。像是Volvo給人的印象是安全，重視安全的人在買車的時候，會第一個想到Volvo。

這就是定位，也是它的威力所在。所以，產品需要有一個「強項」，這個「強項」是符合客戶需求的，這樣我們在打廣告的時候才會更輕鬆。

調查對手，更要調查你的客戶

在設計定位之前，首先要做的就是好好調查市場的對手，他們的定位是什麼？客戶有被競爭對手的定位吸引嗎？

有些人在抓定位的時候很痛苦，因為不知道該怎麼做才有用。有一個方法可以幫你找到靈感，那就是非常深入地了解你的客戶：**他們的需求、沒有被滿足的痛點是什麼？**這樣做，你一定會發現有些定位是市場上很少，又可以抓住目標客戶需求的。

所以我才會常常講，**要把自己變成目標客戶**，才能了解他們，而且在行銷上做得更好。

不過要注意，你設定的定位，如果已經有太多人在做，效果就會變差。例如很多人在賣餅乾，可是訴求健康養身的品牌，已經多到數都數不清了；我的意思不是叫你賣餅乾的時候，不要用健康的材料，健康的材料一樣可以用，但把「健康」當最主要的訴求，很難讓人對你產生印象。

原因很簡單，因為市場上太多人強調一樣的事，你和他們一樣，就會顯得很普通。所以我在賣蛋糕的時候，雖然材料很好，可是我把定位放在「巧克力蛋糕專賣店」，而不是聲嘶力竭地跟大家強調材料好。

也因為專賣頂級巧克力蛋糕的店非常少，這讓我的品牌容易被大家注意到。

從影像到文字，都緊守產品的定位

還有，圖片風格、顏色等等，也是定位很重要的因素。

有一次我帶蛋糕去拍照，拍完照之後，攝影師把相片檔案傳到我的電腦，我請太太點開檔案，看看拍攝的成果如何。檔案裡也有其他品牌的蛋糕參雜其中，我們一張一張地滑，滑到貝克街的蛋糕照片時，太太懷裡兩歲的兒子說了一句：「這是爸爸賣的蛋糕！」

這蛋糕是新產品，他沒有看過，上面也沒有 Logo、包裝，為什麼他可以一看就認出來是爸爸在賣的蛋糕？因為貝克街品牌的定位很明顯，連照片風格都能讓人一眼就認出來！

做好定位後，需要思考的事情就是怎麼讓自己的官網、文案、圖片等等都符合這個定位。

我的品牌是高級巧克力蛋糕，主色調就是冷靜的黑（暗示巧克力）、金（暗示高級）；在文案上我也不會搞笑，而是用理性冷靜的方式講話，圖片和包裝也是朝這個風格。

所以客人對我品牌的整體印象更深，想送高級巧克力蛋糕當禮物，或想吃品質好的巧克力蛋糕的時候，很容易會想到我。

練習思考

- ☑ 市場對手的定位是什麼？
- ☑ 把自己變成目標客戶。
- ☑ 你想強調的定位跟很多人一樣嗎？

製作前的類型分析

在講創業要賣什麼之前，得先了解製作產品的方式，我分為幾大類：

①自己設計、自己製造
②自己（或請人）設計、外包製造
③拿市場現有產品販售

先了解前述三個方式各自的優缺點，你才有基本概念知道自己適合哪一種。

①自己設計、自己製造

貝克街的蛋糕產品就是這樣產生的——自己研發蛋糕、製作、販售。

像我那時候做蛋糕，每天洗完模具都快要半夜了，哪裡還有力氣來想更進一步的經營計畫呢？是之後賺到一點錢就請人來幫忙，我才有時間、餘力可以思考。

可是要注意，我是請到優秀的員工，才讓我可以多出時間。很多人不走運請到爛咖，反而讓自己更忙。

所以說，這個方法雖然有好處，包括因為是自己製作產品，可以對品質把關、維護品牌的名聲，但你得評量自己的體力和能力。另外還有一個缺點，就是得有足夠的資金，因為要買生產設備。資金必須準備更多，風險相對也更大。

貝克街做蛋糕烘焙是還好，初期可以用便宜點的烤箱設備，但是有些產品就一定需要昂貴機器才做得出來，例如義大利冰淇淋，砸在設備上的錢十分可怕。

②自己（或請人）設計、外包製造

很多賣家具、乾麵、辣椒醬、服飾等的品牌，都是採用這種方式——老闆向外包工廠表示想要什麼樣的產品，由工廠來研發、製造。這是最適合初期在網路上創業的方式。

我認識一個在網路販賣家具的人，你知道他在月營業額達到兩百萬元時有多少員工嗎？只有他自己一個人。

反觀我自己賣蛋糕，月營業額兩百萬的時候，需要超過十個員工才做得出這麼多蛋糕。管理十幾個員工有巨大的風險，一旦業績因為什麼天災人禍掉下來，每個月照樣要付四、五十萬以上的人事開銷。

自己一個人就能做到兩百萬業績的商業模式，相對安全很多，因為人事的風險是工廠在承擔，今天訂單太少，薪水也是工廠端要自己煩惱。

但是像甜點類，雖然自己做很累，在衛生和品質管理上也相對比較麻煩，我卻不建議找代工。因為這類產品需要比較高的技術，無法依靠機器標準化製作。產品的保鮮期也短，製作過程一不小心就會出問題，除非你找到高素質、值得信賴的工廠，否則對方偷工減料或是亂來，都會打壞你辛苦經營的品牌聲譽。

什麼時候適合找代工呢？我的建議是，當你的產品可以使用機器標準化大量製造時。雖然利潤會因此稍微降低一些，但省下了大量時間和購買設備的風險。

買回家煮的乾麵，就可以找代工，因為它在保存方面不像蛋糕有這麼多限制，又能用機器自動化生產，你還省下買設備的錢。辣椒醬也是，現在很多品牌都是請工廠代工，自己只負責賣和客服，非常適合初期創業的人。

自己負責設計和研發產品時，務必要注意一件事——**盡量讓產品標準化和簡單化**，最好是連能力差的人都可以完成，或是只靠機器就能產出。因為只要製造過程一複雜，品質就容易出問題，加上對方的人事又不是你在管的，每天要為這些瑕疵品和工廠吵是非常煩心的事。

能找到優質的工廠當然最好，好的代工廠搭配容易操作產出的產品，那就是完美。不過要找到彼此相契合、能夠研發出優質產品的工廠，那又是更大的挑戰。我就看到有人為了尋找適合的工廠協助研發，一路尋覓了三十幾間才找到。

不同類型的產品，每間工廠要求製作的最低數量也會不同，這些都要先和對方確認過。如果只需要小量製作而被工廠拒絕的話，也不要氣餒，繼續多找幾間，總有一間會願意接小量，又能研發出你想要產品的廠商。我周遭的朋友創業初期，就是從被一堆工廠拒絕開始，才找到願意合作的廠商。

工廠產量的三問

- 最多能負荷多少產能？
- 是否幫你準時出貨？
- 訂單暴增的時候能否吃得下（多給些費用）？

③拿市場現有產品販售

一般使用這種方式而成功的人，都是超大量地進貨，壓低價格來取得優勢，但對小店家來說會有難度。

賣的東西跟別人一模一樣，想利用價格以外的其他方法勝出，就要靠服務和名聲來製造出差異性。舉例來說，上蝦皮購物，看到一件東西最便宜，但是卻沒有任何評價，你敢買嗎？

很多消費者寧可挑貴一點點，但是評價良好的店家。

可是要把服務做得比較好，成本相對會提高——你需要更頻繁地回覆客人訊息、更乾脆地退換貨、更迅速地寄送貨等等，都是很高的成本。

像我在採購設備的時候，眼前兩間賣同樣品牌設備的店家，對我來說最關鍵的差異就是：哪天設備出了問題，對方有沒有辦法當天就過來維修（還要修好）？如果店家可以當天就過來修好，那就算他賣得比別人貴，我也可以接受，因為蛋糕店的烤箱一天不能用的損失恐怕更大。

所以我並不建議去拿現有產品來賣，除非你有本事拿到價格最低的貨，或是眼光特別好，去進一些沒人在賣但是你知道會好賣的東西，例如有些賣家會飛到日本、韓國挑衣服就是這樣。

如果你真的想要拿現成商品來賣的話，就需要花很多心力來思考，到底在服務或其他附加價值上，哪裡可以做得更好？很多人做生意失敗，就是因為他賣的東西和別人一樣，自己沒有本事拿到成本低的貨，又想要壓低價格賣得比別人更便宜，最後就是賠錢倒閉。

產品類型優缺點

優缺點 / 製作類型	優點	缺點
自己設計 自己製造	• 可以掌控產品品質。 • 維護品牌名聲。	• 很累、需要大量人力。 • 員工增加後，更要費神管理。 • 忙於製造產品，沒時間思考公司的未來。 • 要購買生產設備就得有足夠資金，風險也更大。
自己（或請人）設計、外包製造	• 不需要花費心力製造產品。 • 不需要管理人力。	• 外包廠商必須要有信譽、品質佳。
拿市場現有產品販售	• 免去重新設計的心力。	• 產品大同小異，缺乏差異性。 • 依賴服務取勝，是很高的隱形成本。

我最建議的方法就是第二種：自己設計或請人設計之後，請代工製造和出貨。因為**創業最重要的就是「風險控制」**，自己投入製造，風險真的很高，更不用說設備、人力方面都很可觀的開銷了。

產品也需要類型分析

☑衡量自己的本錢。
☑選擇適合的方向。
☑別忘了風險控制。

產品定位時的 4 大禁區

每個人對於同類別的產品或服務，頂多只對一、兩個品牌最有印象，而你需要做的，就是搶下顧客腦袋的位置，讓他記住你的品牌——需要買東西的時候，想到你；或是跟別人聊天，聊到相關話題時也會提到你……

關於行銷，它是一場存在人類大腦裡的戰爭，而你的目標，就是在這塊小小的地方打場勝仗。為了能在大眾的腦袋裡占有一席之地，產品本身夠好絕對是基本，而在做出產品前最必需的工作，就是品牌和產品的定位——當大家提到你的品牌，腦袋裡會出現什麼？你又想讓大家想到什麼呢？這都是需要謹慎思考的。

但有幾個錯誤的禁區是我不建議大家這麼做的，以下就來說明。

禁區①：進場就想挑戰市場第一

◆正確做法：選擇競爭少的切入點下手

設定好定位的其中一個訣竅，就是找競爭對手少的地方稱王，大家才會容易記住你！

假設今天你賣牙膏，全世界只有三個牙膏品牌，當客人需要牙膏時，就很容易想到你。可是現在有成千上萬個的牙膏品牌，這樣要如何讓人在需要牙膏的時候想到你？

所以說，要選擇競爭少的切入點來進攻。

用運動賽事來比喻，打贏三個冠軍球隊，可以得到一百萬；打贏一個吊車尾的球隊，也可以得到一百萬——告訴我，你想挑戰哪一個？

當然是挑戰吊車尾的球隊啊！又不是演電影，熱血主角偏要挑戰難度最高的大魔王。做生意剛好相反，柿子就是要挑軟的吃，用最小的風險，得到最大的收穫。

但是在實際的商場上，很多創業新手都挑冠軍球隊打，這是錯的。

禁區②：為了吸睛而犧牲產品品質（本質）

◆正確做法：不忘消費者最想要什麼

另外一個做法是，雖然牙膏有成千上萬個品牌，但是你決定專攻牙齒敏感問題；假設做這領域的牙膏品牌只有一、兩個，那你就很容易被大家記住。

我舉實境遊戲和蛋糕的例子，讓你更清楚我的定位方式。

實境遊戲剛開始流行時，主要是玩「密室逃脫」，也就是玩家被關在一個房間裡，需要解開各種密碼鎖和謎語，然後到外面。

把玩家關在一個房間裡↓解開各種密碼鎖和謎語↓逃出去

為了把產品定位做出區隔，我把實境遊戲做成「偵探推理類」：我的遊戲裡幾乎沒有密碼鎖，但玩家必須像福爾摩斯一樣，根據現場狀態推理出凶手。

布置現場↓提供破案線索↓玩家根據現場線索解謎找出凶手

例如找到一封手寫信，根據紙上的筆跡，判斷寫信的人是左撇子等等。當我設定了這樣的定位後，就占了很大的優勢：我的遊戲和別人完全不一樣——為什麼這樣會比較好？

就像前面提到的牙膏例子，當客人想要玩密室逃脫遊戲時，會有幾十家不同的遊戲在他腦袋裡競爭；但是當他想要玩偵探推理類的實境遊戲，會有幾家在他腦袋裡競爭呢？只有我一家。

然而很多人在設定定位的時候，會犯一個錯——把心思都放在創意上面，反而忽略了需求，這樣是本末倒置！

很多主題餐廳都是爆紅一下，或是某些創意料理也是熱潮一過就沒了，他們確實很有特色，可是卻忽略了最根本的需求：食物要好吃。就像實境遊戲，我有特色獨具的推理類遊戲，但是不能忽略消費者最基本的需求，那就是遊戲本身需要好玩啊！

禁區③：不切實際（沒有滿足購買需求）

◆正確做法：創意和特色都緊跟著需求

做產品時務必牢記：創意和特色，一定要和消費者本身的「需求」結合，不然產品勢必不會持久。

我認識一個服飾業的朋友，他賣的衣服外觀很普通，價格卻特別貴——貴在使用非常環保的材質。我對衣服的製造過程和材質不太熟悉，但是這朋友特別選用環保材質，成本大大提高，售價也很驚人。

他認為那是他的品牌定位，市場上沒有廠商這樣做，所以很有競爭力。

確實是沒有競爭對手這樣做，但是仔細想想，消費者買衣服看重的是什麼？當然就是品牌、外觀與舒適度啊！有多少人會為了環保，買件價格上看好幾千的衣服？

這就叫「定位錯誤」，雖然沒有競爭對手，但他倒了。因此你需要：

❶ **列出這個產業的大類別：為什麼大家要買它？**

❷ **從這個大類別區分出你設定的定位，看看有沒有偏離。**

舉我賣的蛋糕為例，大類別是蛋糕甜點，大家買這類東西的原因不外乎：送禮、自己吃（享受幸福的感覺）、慶祝特殊節日。

而我區分出來的定位，是原料高級、高價位的巧克力蛋糕——符合上面送禮、自己吃、節日慶祝三點需求。加上老饕愈來愈多，花錢買高品質的蛋糕自己享用的人，更是不在少數。

所以我的競爭對手少，同時又符合消費者的需求，這個定位很適合。

禁區④：什麼都想賣、什麼都要賺

◆正確做法：專心經營一個特定市場

再來一點就是，不要做「雜貨店」會比較容易讓人記住。現在生意好的甜點店，很多都是某個品項做得特別好吃，例如某間店專攻可麗露、另一間店的達克瓦茲特別有名，還有專攻千層蛋糕或茶類法式甜點的店家；如果你平常有接觸甜點蛋糕，當我提到這些甜點品項時，腦袋裡一定馬上浮現某些店——這就是「定位」。

所以你的產品也是，建議你挑選其中一個項目作為主打和專攻，在行銷上會更省力，廣告費也會更節省。

可別跟我說二十四小時超商什麼東西都賣，生意還不是很好？

他們的定位是「方便」，而不是某個產品的專賣，別搞混了。

另外有些品牌雖然什麼都賣，可是為了讓人有印象，砸出去的廣告費可不是普通小公司付得起的。

一間公司常常會死在定位上的原因，就是後續產生的「貪婪」，想要什麼都拿，這樣做的下場，會讓原本做得好的部分也跟著下滑。例如，大家都知道LV包包是世界級的高價精品，專門吃高單價的市場。如果LV心想：我要把低價市場也拿下來，全部人的錢我都要賺到手，推出平價款的LV包，接下來會發生什麼事呢？

剛開始，業績有可能會拉抬沒有錯，但原本的客人們心裡會怎麼想？本來買LV是為了可以凸顯身分地位，但現在這樣也沒有理由買了啊；當LV不再具備高級精品的感覺，買低價LV的人也沒有理由再花錢去買LV了。

所以會變成兩頭空，這就是為什麼很多厲害的品牌，它不會什麼市場都吃，而是專心經營一個特定市場，做好定位。

避免墜入定位禁區

☑ 選擇競爭少的切入點。
☑ 別為了創意、特色，忽略基本需求。
☑ 專心經營一個市場。

主打品質還不夠

我在教老闆們定位的時候，發現有九成的人會這樣做：

- 跟吃的有關：健康、食材好、少糖、吃得安心
- 跟用的有關：品質更好、更耐用

你應該還記得定位的意思，就是在消費者的大腦中占有一席之地，讓大家對你的產品品牌印象深刻；你的東西需要和別人不一樣！

這就是問題所在，今天商業市場上九成的老闆都做前面提到的定位，你也做同樣的事情，會讓人對你有印象嗎？

況且消費者沒辦法分辨誰的東西真的好，就連用地溝油做食物的廠商，也會大聲叫嚷自己的產品絕對吃得安心。我的意思並不是

叫你別做品質更好的東西，而是好的品質、有良心的食材，本來就是應該的。

如果你真的想主推品質，需要符合下列兩項條件的其中一個：

① 你所處的行業沒有人主打「品質」

例如在手機還是幾千塊的年代，突然出現一支功能無敵、價格昂貴的智慧型手機，是不是馬上吸引了大家的關注？就算幾年後，市場上充斥著智慧型手機，但在早年迅速攻占人類大腦的品牌，腳步相對比較穩固，而後起的品牌想要擠到一個位置，就會更辛苦。

另一個例子，十幾年前大家對於麵包的要求大概不脫便宜美味就好，沒人在意低糖、健康，所以那時候，有幾間店主打雜糧麵包的店便趁勢快速竄紅。

②品質好得超越對手，加上你很懂怎麼行銷

如果你能證明自己的東西和對手的等級完全不同，就可以用這個定位。例如我常穿一款襪子，除了耐穿，除臭的威力也是一流，和市面上的襪子差很多，所以廠商便針對這點做各種廣告宣傳。他們利用實驗證明、檢驗報告、影片測試、文案技巧……不斷傳達這些賣點，在市場上愈做愈大，就算後來有名人跟風做了類似競品想要搶占市場，也徒勞無功。

很多人看到這裡馬上就會想：「沒有錯，我的產品品質就是和別人差這麼多！」

可是你要小心注意，對自己的產品要客觀。

你當然會這麼想，但事實通常不是這樣，而是很多的產品品質和你都差不多，除非你做了測試。即使品質真的不一樣，還需要符

合另一個條件，那就是你很懂行銷。

就像剛剛提到，就連用地溝油做食物的廠商，都宣稱他們的產品有良心——你要怎麼脫穎而出？

只有懂行銷，才能把自己真正的優勢顯現出來。

同樣舉剛剛的襪子為例，老闆寫了篇文案，教大家平常襪子的棉紗粗細是幾支，而他們的支數大大超越了一般的襪子，為了找到配合的工廠花了多少努力；為了在十秒內達到除臭的效果，他們做了多少多少的努力……整個過程生動地呈現出來，造成很大的迴響。

不懂行銷，又想要做和大家類似的定位，會死得很快。

貝克街製作甜點所使用的食材，連五星級飯店都捨不得用。每次我的員工和飯店甜點師傅聊天，提到我們用的原料品牌，他們都驚訝到合不攏嘴，直說：用這種東西做蛋糕根本賺不到錢吧。

但是就算我的材料等級和普通店家差這麼多，我還是不會只定位在「好原料、良心食材」上，而是定位在「高級巧克力蛋糕專賣」。因為只專心賣巧克力蛋糕的店家很少，堅持使用高級原料的店家更少，而這樣的定位更容易讓人記住。

品質只是基本

☑ 避免和多數品牌同樣的定位。

☑ 行銷加分才能顯現真正的優點。

｜創業這條路｜

不要衝第一個

關於做生意這件事，常會聽到一種聲音：要做「超級創新、市場上沒有的產品」，才能快速搶下市占率，成為龍頭。這句話對了一部分，但有個前提：你得非常有錢。所有突破性的創新，背後都藏著巨大危險，如果你想做的是沒人做過的產品、服務，或是還沒有人做出成績，那就要審慎研究問題出在哪裡？也許是市場根本不需要這樣的產品。

產品定價的祕密

——什麼都算了，為何就是無法平衡？
讓我告訴你定價的基本技巧，
還有最易被忽略的隱形成本……

基本定價技巧

定價的正確與否是決定產品銷售量的重要因素，而定價的最終目的，則是要讓你賺到最多的淨利！

請注意，定價最終目的不是「賣最多產品」，偏偏許多老闆搞錯了方向，想盡辦法壓低價格拚命賣，最後賺不到幾毛錢；當然更不是孤芳自賞，產品價格高得不可思議，價格高當然淨利高，問題是沒有人買，淨利就是零。

除非你開公司的目的是做慈善，不然產品定價就該追求最好的獲利。

不要覺得這樣講很市儈，簡單問一個現實的問題：有哪間公司在獲利不足的情況下，有本事開發票正常繳稅、給員工更好的待遇、遵守所有勞基法，並使用有良心的原料？——答案很清楚，沒有。

確認定價四步驟

所以，現在我要告訴你如何把價格定好。一般來說，定價有分超低價位、中價位、高價位，而我不推薦超低價的定價策略。為什麼不推薦，後面會提到。

超低價位這個方式很簡單，你只要算好最低能承受的價格，死命往下壓，比所有人都低就好了。**中間價位和高價位**產品的定價方式，要確定客人最高能接受的價格。有一個基準點可以參考，就是看市場同類型的產品。接著思考以下幾點：

❶ 市場上同類型產品的價格天花板在哪裡？

舉鋼筆這個市場為例：它的同類型產品最貴價格是多少？——跟隨前人的腳步是風險最低的做法，都有人幫你打頭陣了，當然要好好珍惜。

❷ 最貴價格的產品賣得如何？

假設你看到有公司一枝鋼筆賣一萬元，一個月的營業額有一百萬，這個數據就大致說明了市場的接受度。

❸ 它的成績是否令我滿意？

假設你覺得一個月營業額一百萬、淨利二十萬超級好，那就代表這產品在這種價格帶上是有機會的。但是，市場上的領導品牌可以賣出一百萬，即使你也有相同品質、價位、行銷能力，成績通常也會比對方低，畢竟人家比你早一步站上舞台。

假設你覺得一個月淨利二十萬很少，鋼筆太貴、太少人買，浪費你的時間精力，那就往下觀察：一枝五千元的鋼筆賣得如何？若五千元的鋼筆，有公司一個月能賣一千萬、淨利兩百萬，你覺得這樣的成績很令人滿意，那五千元就是個定價參考的基準點。

但，這不代表你來賣五千元的鋼筆，也可以賣到一個月一千萬的成績，只代表客人對於五千元鋼筆的接受度較大，至少這樣的定價，機會相對比較大。

❹這個成績的背後原因，我能辦到嗎？

你需要去分析為何能做到這個成績——當然也有可能是因為市場還沒開發完全，未來的營業額會再更高，但參考它現在真正做到的成績才是相對安全的做法；因此這點非常非常重要：其他公司能做到這種成績，背後做了什麼事？

假設是因為產品好，那你有辦法做到跟它一樣好，甚至更好嗎？講白一點就是**認清自己的實力**。

你要評估對方能這樣定價的原因，是不是自己可以辦到的，如果評估下來覺得不行，就要再看價格低一點的公司，重新走一遍前面的流程：銷量、自己滿意與否，以及能賣出這種成績背後的原因。

例如某個包包品牌賣一萬元，賣得很好，它沒有砸大錢請明星、行銷，單純是因為材質和設計，讓人願意花這個錢；你評估後知道自己設計的包款也可以達到相同水準，那就代表這個價格你也有機會賣得好。

我特別用「也有機會」這幾個字，代表你需要認清楚自己的產品有沒有那個水準，而不光是自我感覺良好。

小心定價的陷阱

另外也要小心確認，其他公司賣得好，是不是產品本身一時爆紅，才讓大家願意花錢？如果這產品已經賣了好幾年，大家仍願意花同樣價格購買，這才代表是大眾可以接受的價錢。

前述只是基準點，還不是最準確的，想要最準確的數字需要實際測試——產品直接上架銷售，看消費者的反應，然後分析數據、再來調整。

不要擔心價格調整，客人會反彈，這種顧慮是生意很好的公司才要煩惱的，對於剛起步的公司，**只能從錯誤中不斷調整**。

如果沒有人買，要確定到底是因為價格太高，還是行銷、產品太差。大部分人看到產品賣不出去的第一個反應，常常馬上歸咎於價格貴、消費者貪小便宜，就急著想降價。很少人檢討其實是產品太差、行銷不行！

基本上，別人能賣這種價格而你不行，大部分原因都是出在產品、行銷、定位、地點等等因素。找幾個願意說實話的人，點出自己的問題吧，等確定真的是價格問題，再來調整。降價是為了取得銷售量和獲利的平衡點，而不是降到自己頭破血流。

真要降到大失血才賣得出去，就代表產品成本出了問題，該調整了。

試想，假設我用一公升一萬元的橄欖油、各種昂貴材料，做出一個要賣一萬元，不這樣賣就會賠錢的蛋糕，但是一萬元的蛋糕沒有人買，該怎麼辦？

當然是不要用一萬元的橄欖油當材料啊！

定價的檢視循環

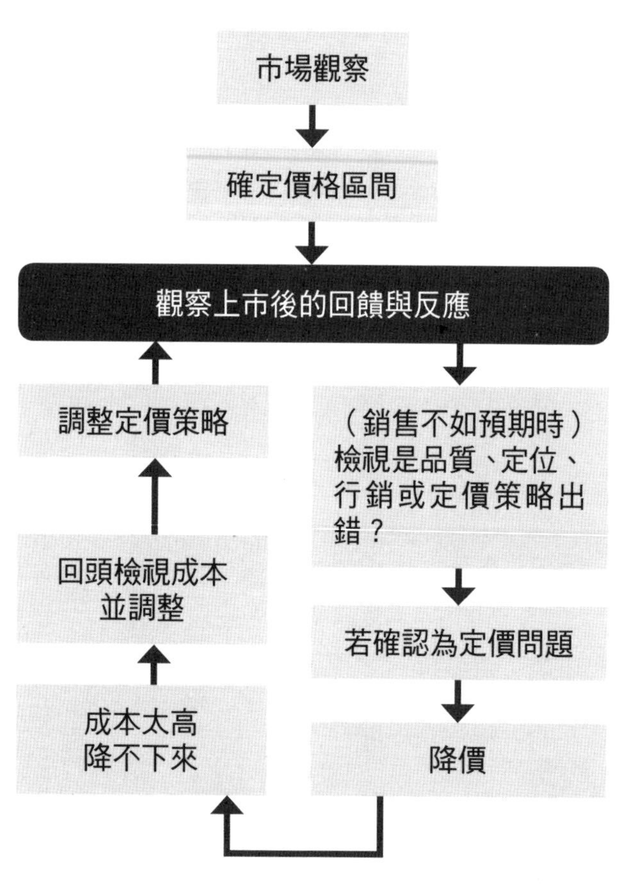

市場觀察
確定價格區間
觀察上市後的回饋與反應
（銷售不如預期時）檢視是品質、定位、行銷或定價策略出錯？
若確認為定價問題
降價
成本太高降不下來
回頭檢視成本並調整
調整定價策略

最後再次強調，東西賣不好，問題通常不是出在價格太高，而是產品、行銷、定位、需求和地點等等其他因素，所以：別急著降價。

定價前的思考

- ☑ 不是價格低，顧客就買單。
- ☑ 以同類型市場的競品為觀察對象。
- ☑ 銷量欠佳時，先觀察是否為產品、行銷等問題，別急著降價。

最容易忽略的隱形成本

很多新手老闆在創業前計算成本時，什麼都想到了，卻忽略了稅、勞健保、廣告費、老闆自己的薪水。這四個地方幾乎稱得上是「最容易忽略的隱形成本」，以下讓我來簡單說明。

①稅：營業稅、營所稅、個人所得稅

在台灣，許多創業新手以為開發票只要五％的營業稅，不知道後頭還有二十％的營所稅。

營業稅每兩個月繳一次，也就是你賣出多少東西，就要根據該金額繳出五％的稅，但是可以在進貨的時候向廠商拿發票，抵掉進貨的金額。

而營所稅，就是一年結算一次，你需要把一整年的營業額，扣掉所有的花費開銷，把最後剩下來的錢其中二十%繳給政府。

繳稅給政府後，你還需要跟政府說自己從公司拿了多少薪水，另外再繳個人所得稅。不過請注意，個人薪資也可以列在成本裡，所以在計算營所稅時，別忘了扣除自己的薪水。

仔細算過後，就會發現這些稅繳起來只有「驚人」二字可以形容。很多人覺得開發票只是繳五%的營業稅，不懂為什麼這麼多老闆打死不開發票？就是因為後面還有這麼多的稅，最麻煩的是很多廠商不開發票，只給收據，那你就沒辦法去抵掉營業稅。

收據可以當作成本抵掉營所稅，但有額度限制，不像發票有多少抵多少；也就是說進貨廠商如果不開發票，就會害你多繳很多的稅。但這不是換家廠商就可以解決的事。很多的情況是某些原料就只有那間廠商有，特別是比較講究的餐廳，會和小農買自家栽種的食材，小農家哪來的發票呢？

有些廠商還會跟你說，開發票要加五%的錢，不開就可以省下來。如果你是老闆，要開發票還是不開？

當然是開啊！發票除了可以抵五%營業稅，還能抵一年一次的營所稅，別被眼前廠商說便宜五%給蒙蔽。

② 勞健保：員工和老闆的勞保、健保、勞退

勞保、健保、勞退是員工的福利，如果員工月薪三萬，一個月要幫他繳的金額大約是五到六千元。不過，勞健保經常在調漲，精確的數字建議等你要幫員工投保時再上網查級距表。

至於老闆則會被強迫保更高的薪資，就算跟政府說根本沒賺到

這麼多錢，他也不會理你，除非你碰到有同理心的勞健保人員。

很多人在當老闆前，心裡的想法是「我當老闆後，給員工的薪水至少要開三萬，才不要像前老闆那樣只開兩萬五！」結果等當上老闆後，才發現三萬的月薪得付出三萬六——因為還要加上勞保、健保、勞退，實在是無力負擔，只好把薪資改為兩萬五，成為自己以前眼中的慣老闆。

所以在計算成本時，記得上網查詢最新的勞健保級距表。

③廣告費：網路行銷、店面租金、廣告公司

如果你想要公司一成立就有業績，務必要在產品成本中加入廣告費。以網路行銷來說，廣告費占成本十到二十%：一百元的商品，會有十到二十元用來打廣告。

但如果你開的是實體店面，店面位置很優，自帶很強的廣告效果，那店面租金就等於是廣告費。這就是為什麼有些地點的租金即使上百萬，也有業者願意租，不是他傻，而是因為該地點的廣告效果，可以讓他賺到更多的錢。

可是很多地點或是在網路上販售產品的店家，沒有店面沒有廣告優勢，所以在計算產品成本的時候，就需要把投放廣告的成本算進去。一個普通能力的人投放廣告，成本大約是產品售價的二十%，若操作得不佳，廣告成本將遠遠大於二十%。

如果你賣的產品單價超過一萬元，或是你的行銷技術很好，這數字也會稍微不一樣。

看到這裡，你可別心裡想：「這個好解決，我找廣告公司幫我操作就好。」

因為廣告公司會抽十到二十%的佣金，也就是花一萬元打廣告，要給他們一千到兩千的佣金。更別說，很多的廣告公司都做得不怎樣，卻很懂得把新手老闆唬得一愣一愣的，強烈建議新手老闆尤其要懂得行銷，不然被騙到死都不知道怎麼回事。例如他們會跟你這樣講：「成效不好，是因為花的錢不夠多，投放的時間不夠久。時間夠久、錢花得夠多，成效就會變好。」之前，就有和我合作的公司說過這種話，我馬上知道他在說謊。

——為什麼我會知道？因為我自己操作時，很快就看到成效，根本不用像對方說的要花更多錢、更多時間。我在教網路行銷時，學生和廣告公司的合作經驗也常是如此，投入更多的錢和時間，一樣什麼業績也沒有。

我曾為了減少自己的工作量，找廣告公司配合，結果發現自己錯得離譜。最誇張的是，現在時不時還有廣告公司的行銷人員，寫信問我一些基本到不行的操作問題，你願意讓這種人每個月拿著你的錢，幫你下廣告嗎？

好的廣告公司是存在的，但是只有自己懂行銷時，才知道怎麼挑廣告公司。我在〈第三話〉將會有更多的說明。

④ 老闆自己的薪水

要計算自己的薪水，必須先設定：

一個月最少需要領多少錢，才能生活？

然後計算，以自己一個人的時間，能夠接多少單、製作多少量，再把薪水平均到每一個產品中。假設你是賣麵包的，每個月最少需要三萬元才能生活，一個月最多可以做一千個麵包，將三萬除以一千可以得到三十（如下方公式表示）。

你需要在每個麵包的成本裡取三十元作為薪水，如果有加班情形，就要另外考量加班費的成本。但是為何要算自己的加班費呢？因為未來總會需要請員工，難道你有把握讓員工不領加班費

$$\frac{30{,}000\text{ 元}}{1{,}000\text{ 個麵包}} = 30\text{ 元}$$

嗎？很多人就是因為最初是自己做，沒把這些未來可能發生的成本算進去，結果請了員工後付不出加班費而造成一大堆問題。

把薪水加進產品成本後，你很可能會發現成本變太高，這就代表需要調整各個環節，例如：讓產品製作更有效率、改變定位販售高價產品，用不同方法賺到獲利；絕不能因為成本變高，就直接提高售價來處理。

房租也用同樣的方式設定。不要因為初期是在自己家裡做，就開心地不把房租算入，因為你未來很有可能需要搬到更大的地方，勢必就需要付租金，等到那時才要漲價就會很麻煩。

定價的祕密

☑ 所有隱形成本都要注意。

☑ 潛在的成本更不能忽略，以免賣愈多賠愈多。

低價策略有用嗎？

——產品的價格絕對是吸引客戶的主因，
但是，只要努力壓低就可以刺激銷量嗎？

思考產品成本，不如思考「人」

其實，個人一直認為檢討產品的原物料、人事、租金該占成本多少錢，完全是浪費時間的事，因為不同的產業差異太大，無法一概而論；就算是同產業，每個老闆的商業模式不同，成本組成也不一樣。不過依據我的經驗，在產品成本的組成上，有個很關鍵的忠告可以分享：

不要選擇依賴高人力的產品！

如果你選的產業已經是依靠高勞力的類型，那就想辦法改變商業模式。

你可能會覺得，我給這種建議是因為現代社會的人力成本愈來愈高。但其實真正的原因是：高勞力的工作意味著你需要很多人才**能賺到錢，而人愈多就代表你會有處理不完的人事問題**。

已經不知道有多少老闆寫信跟我抱怨，員工擺爛、搞小團體、突然曠職、產品亂做……搞得他們暈頭轉向，每天光是想辦法提升公司業績就很吃力了，還要煩惱「人」的問題，不被搞死才怪。

人類是很麻煩的動物，還很愛抱怨，所以我的建議就是，**選擇人力需求低的產業**。

要怎麼知道一個產業的人力需求呢？很簡單，就是將公司所賺的錢除以員工數量，所得的結果就代表一個員工的業績（如左頁公式表示）。

平均一個員工帶來的業績愈低，表示該產業的人力需求愈大，需要靠大量人力才能完成。比方說要自己製造產品，就是高人力需求的工作，如餐廳、蛋糕等產業。而像家電經銷商就屬於低人力需求：製造是別人要煩惱的事，自己想辦法銷售和出貨就好，人力需求相對比餐廳低很多。

如果你已經選了高人力需求的產業，又不願意轉行，那就要想辦法改變做法，**盡量減少人力占比**——但不是叫你把員工一個

$$\frac{\text{公司賺多少錢}}{\text{員工數量}} = \text{一名員工能帶來的業績}$$

當兩個用或是調降薪水。在貝克街，我的做法是砍掉最不重要的東西，也就是蛋糕的「裝飾」，大幅提升人事效率。

砍掉最不重要的事

對甜點業來說，裝飾蛋糕正是需要大量執行人力的流程，屬於非常高的成本。但在我深入研究過客戶，還有蛋糕市場後，我知道蛋糕外觀並不是喜歡貝克街的人心中最重要的事；對他們來說，在乎的是東西好不好吃。所以我把裝飾統統拿掉，取而代之的是將蛋糕裝進比較漂亮的盒子裡——結果大獲成功！

帶來的好處，就是我的人力成本節省更多，員工的待遇可以更好，使用的原料等級可以更高，客戶也吃得高興，這是雙贏。

突破盲點邁向雙贏

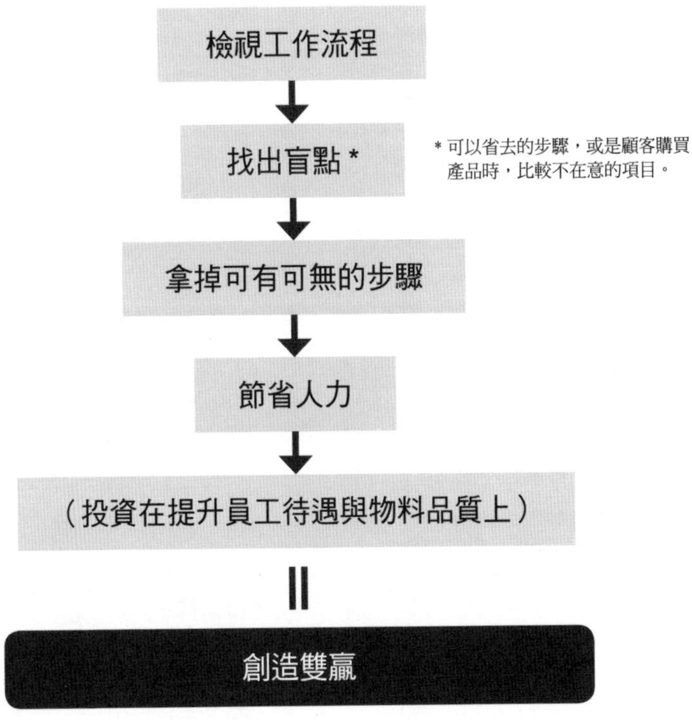
檢視工作流程
找出盲點＊
＊可以省去的步驟，或是顧客購買產品時，比較不在意的項目。
拿掉可有可無的步驟
節省人力
（投資在提升員工待遇與物料品質上）
創造雙贏

看到這裡你可能會想，這例子和你的行業有什麼關係？你可能不走烘焙業，但這個概念可以套用在各行各業：在你所屬的業界裡，有沒有什麼步驟其實是可以捨去、從而為你帶來大量優勢的？

不要馬上跟我說不可能——幾年前，如果有哪個師傅聽到蛋糕不要裝飾，第一個反應一定是罵：不可能！沒裝飾的蛋糕誰要買！——但真的不可能嗎？這只是人類的盲點罷了。

好好檢視所在業界的類似盲點，很可能帶給你極大的優勢。

要檢視這樣的盲點之前，請先深入了解自己的客戶：對他們來說，最重要的是什麼？列出最重要的點，多找些人確認，真的是最重要嗎？很可能你以為某個東西很重要，但實際問過客戶後會發現他們根本不在乎，你也不需要花這麼多成本在那上面。

老客戶的意見是關鍵

有個關鍵必須要分清楚，那就是一定要問「老客戶」的意見。老客戶認為不重要的地方，和那些永遠不會買你產品的客人是不一樣的。

有些人會把蛋糕的裝飾看得非常重要，吃起來還可以就行，重點是要求好看，這種人通常也不會是我的目標客群；如果我做調查時問到這種人的意見，半點用處也沒有——因為會買我蛋糕的老客戶最重視「好不好吃」。

所以你才要問老客戶，這樣做之後，會對自己的事業有全新想法，甚至擁有更強大的優勢。

創業要煩惱的事很多，選擇低人力需求的產業，至少在煩惱人事問題上會少一些。因為我投身的產業剛好包括了蛋糕製造業（高人力需求）和線上教學業（低人力需求），體會過其中的差別——低人力需求真的比較好。

人的問題影響大

- ☑ 人事管理勞心勞力又耗費時間。
- ☑ 愈需要人力的產業，營業成本愈高。
- ☑ 砍除不必要的流程，彌補人力開銷。

我不推薦低價戰的原因

我剛創業時，有間蛋糕店很紅，一天可以賣好幾千個蛋糕，負責人接受採訪時很自豪地告訴記者，自己奉行的哲學就是「東西要便宜」！那時他的蛋糕，六吋不到兩百元。

幾年之後，他的蛋糕售價漲了一倍，整個團隊（包括老闆自己）被撤換。

前一節我提到不建議小公司玩價格戰，並不是說打低價策略不會成功，而是相對來講成功率比較低。為什麼我可以這樣講？

- 我自己的經驗。
- 看到其他人採低價策略的下場。
- 負責全球各大企業定價策略（例如保時捷、德國鐵路）的西蒙顧和管理顧問公司，在經過幾十年統計後得出的結論：高價策略成功的比例要比低價策略成功的比例高。

要得出這樣的結論，先從低價策略須付出的代價來談起。

誰會先被犧牲？

假設有兩間公司，名字分別是郝便怡、鋼鋼好，賣一模一樣的產品，而郝便怡想把價格壓得比鋼鋼好低，能砍的地方不脫那幾個大家馬上就能想到的點：原料、人事、房租、利潤（廣告、設計、流程效率等較複雜的就暫且不提）。以下我就簡單說明：

◆原料：

大公司的低價策略能成功，主要是因為他們以大量進貨的方式，把原物料價格壓到最低。有興趣的人可以看《IKEA的真相》這本書，書中說明了為什麼IKEA的商品可以這麼便宜，除了進貨量大，他們甚至買下森林、伐木場，這是一般中小企業做不到的事（當然如果你的老爸是供應商，就可以拿到最便宜的原料）。

◆人事：

想要產品價格低、給顧客CP值高的印象，去壓榨員工的薪水或體力，也是一個方法。但我非常不建議，一來是違法，再來是不可能持久，員工的流動率必然高，甚至很容易造成不滿而心生報復。

還有一個方法就是想辦法提升員工的工作效率，最好能比其他公司高個好幾倍，才能節省開銷。但就算如此，產品定價也不可能因此就降低太多，因為高效率的優秀員工，待遇一定會比較好；再來，多數中小企業老闆並不知道如何讓員工增加效率（這是非常專門的學問）。

◆房租：

就算你現在的店面是你自己家的，不用付房租，對手每個月需要付三萬元的房租，產品成本真的有比較省嗎？

假設你一個月可以賣出三千個產品，平均算來，一個產品的成本也只比對手少十元而已。更何況，房子是自家的這種好事，那不是一般創業者敢想的事。

再者，租金較貴的房子，通常有它的廣告效果或是便利因素在，對業績有一定的幫助（幫助多大又是另外的事），並不一定房租便宜就好。

◆利潤：

「我少賺一點，客人就會多，這樣就划算了。」有些小公司會抱著這樣的想法，但這其實是因為他們沒有開發票、壓榨員工到極限、用很爛的原料，才有可能壓低價格！

今天最好是這些公司照規矩來，有開發票、有勞健保、有加班費、有特休，還有辦法維持低價，除非他們有上面所提的那些本事：效率高、流程優化到最好、談判能力強，拿到最便宜原料；或是下面將要提的，真的犧牲淨利。

少數幾個我認識的經營者，是真的不壓榨員工，而是壓榨自己的健康，讓產品維持低價——我家旁邊有個賣湯包的老先生，湯包個頭跟女孩子的拳頭一樣大，只賣十元；但只有自己一個人扛店，每天做得半死。

你想要用自己的健康，來玩低價戰爭嗎？

身邊更有朋友用健康作為玩低價戰的代價，把自己操得半死，產品CP值爆表，然後三十多歲過勞猝死。

先犧牲利潤值得嗎？

有一些業者，是真的犧牲利潤，來得到低價。值不值得，這裡來算算看：

一樣是郝便怡、鋼鋼好這兩間公司，賣一樣的東西。

假設一個產品四百五十元、淨利率十%，也就是四十五元，每個月可以銷售一千個。但郝便怡想要比鋼鋼好更便宜，所以需要犧牲淨利。下面有兩個問題需要思考。（如左頁）

Q1 郝便怡要比鋼鋼好便宜多少，消費者才會有感，才會願意多走五分鐘的路，來這裡消費？

A 答案會根據不同產業而不一樣。但假設原本的淨利是：
（定價450×10%）×1,000＝45,000（淨利）
若推測要便宜15 元的淨利，消費者才有感，那麼降價後的淨利就是：
（45-15）×1,000＝30,000（淨利）

Q2 降價後，需要多吸引幾個客人，才能讓淨利回到 45,000 ？

A 45,000÷30 ＝ 1,500
1,500 － 1,000 ＝ 500
只是便宜 15 元，就得多賣 500 個產品才能達到之前的成績。

後果① 顧客無感，無法提升銷量

西蒙顧問公司就說，許多企業根本沒意識到，售價只是調降一點點，銷售量卻需要補這麼多——你知道難度有多高嗎？而且多賣這五百個，只是為了維持住先前的獲利成績。

最大問題就出在這裡：

大部分的情況是，降低價格之後，業績並沒有從一千成長到一千五。原因很多，例如價格降得不夠沒有感覺、客戶對其他家的產品更有忠誠度、大家不願意為了省十五元而多走五分鐘的路（這就是為什麼二十四小時超商的東西貴，還是賣得好）等等。

後果② 人事開銷增加，反造成壓力

降價衡量還有另外一個問題，就是各項開銷也會增加，例如請的員工需要更多：碰到淡季、各種危機時，龐大的人事費用就是龐大的風險，沒生意做時，薪水還是要照付！

只賣一千個產品時，需要兩個員工，碰到淡季頂多賠兩個員工的薪水；降價之後要賣一千五百個產品才能維持同樣獲利，卻需要請三個員工，淡季一到就是賠三個員工的薪水。

後果③ 降價策略競爭好模仿

犧牲淨利玩低價這個方法，對手也很容易模仿。如果你是因為有能力，簡化流程、提高效率，對手可能模仿不來，但只是犧牲淨利，對手一定可以學。

還有一件要提醒的事——要玩價格戰，初期的建置成本很可能大過你的想像。例如你需要有自動化機器，才能節省流程、人事費用，而機器至少都是百萬千萬起跳。以蛋糕為例子，兩百元的六吋蛋糕和一千元的六吋蛋糕，所需要的製作時間根本一模一樣，差別只在於原料（另一種情況是追求漂亮的裝飾），但兩百元的六吋蛋糕需要做大量才會有獲利。做大量，意味著初期就要聘請一堆人，風險能說不高嗎？

這就是為什麼我選擇高品質的蛋糕為定位，因為貝克街草創時期只有我一個人在做，如果我的六吋蛋糕只賣兩百元，做到死都賺不到錢，還只能用很差的原料。

總結來說，低價策略是會成功的，但成功背後所需要的技術、財力往往被忽略。

而我偏好的方式，是提供最高的價值給客戶，不是讓人單純只因為低價而光顧。

低價戰不是人人玩得起

☑ 低價是需要付出代價的。

☑ 別忽略使用低價成功者，背後的財力。

客人想的和你不一樣

——你的產品能讓顧客眼睛一亮嗎？
想要成功，得掌握人性的弱點……

給顧客想要的，不是你認為顧客想要的

有次我帶小孩去逛百貨公司，看到兩家鯛魚燒店，各有優缺點，便把這件事貼在「王繁捷創業、行銷討論社」分享。有趣的是從社團留言的反應，可以發現一件事：

老闆認為客戶想要的，和客戶真正想要的不一樣！

我在社團做了兩家店的分析（參考下頁表格）：

兩家鯛魚燒店你會買哪一家？為什麼呢？許多社員紛紛留言說明會選擇哪一家以及原因，由此可看出大部分人在意的順序。

● 現場製作
● 員工態度和產品外觀
● 餡料多寡（這點最少人提到）

我們再回頭看兩家鯛魚燒的定位：

鯛魚燒A：（很明顯認為客人喜歡）餡多的鯛魚燒

但客人想的是：餡料太多、太甜膩！

鯛魚燒B：主打現場製作、剛出爐的美味

鯛魚燒 AB 比較

	鯛魚燒 A	鯛魚燒 B
售價	50元／1個	40元／1個
大小	稍小	稍大
餡料	餡多皮薄	皮餡比例 1：1
製作	事先做好再加熱	現做，很熱很燙
外觀	不佳（餡料太滿）	佳
服務	佳 （老闆自己顧店）	差 （店員顧店，臭臉）

是否發現和前面的結論一樣——**老闆認為客人想要的，和客人真正想要的不一樣！**

創業新手容易導出的錯誤結論

看到這樣的結論，你是否會想：把兩家店的優點結合在一起，就所向無敵啦！這幾乎是不可能的。

從下方的公式就可以看出什麼都想要時，可能的結果——現做，代表需要更多的

現做（更多的人力和時間成本）
滿出來的餡料（成本）
尺寸大小（成本）
服務態度（絕對跟待遇有關，也是成本）
＋ ⋮

＝ 一個鯛魚燒至少要賣超過一百元

人力和時間成本；滿滿的餡料、顧客感覺划算的尺寸也是成本；員工的服務態度，絕對跟待遇有關，也是成本……所有加總後，一個鯛魚燒至少要超過百元的定價。

更別說還需要搭配高明的行銷，難度太高了。所以請不要想著什麼都要做到，我們只能挑其中幾個優勢來強攻而已，其他部分必須斷然捨棄。

以貝克街蛋糕來說，我捨棄了華麗的裝飾（包含昂貴的裝飾時間成本），將火力集中在好原料和高水準的員工（薪資比同行都高，但工作效率更高）上，結果證明大家對於外表樸素但品質好的蛋糕，接受度很高。

如果我全部都要：原料要好、裝飾要華麗、員工待遇要好……

統統不放手，那個蛋糕大概要賣到三、四千元。**在資源有限的情況下，僅能挑選一、兩種優勢，這就是成敗的關鍵。**

從留言的反應可以看到，店員的服務態度也是很多人在意的點，這也是值得警惕的地方。

善用問卷，找出優勢

在資源有限的狀況下，要如何選擇正確的優勢？

當然是直接問客人或是請客人填寫問卷。只是問卷大家都會做，但你的問卷題目可以問出顧客心裡真正想要的嗎？

如果問卷只有選擇題，效果會很差。

就算答案可以複選，可以預見的就是每個選項的票數都很接近，因為很有可能大部分的人會每項都勾選，完全沒有參考價值。選擇題確實是方便統計，但是也會讓你看不到背後的潛在問題。

就用前面的鯛魚燒來做問卷舉例好了。

Q你會買哪一間鯛魚燒店？

❶餡料多的

❷現做的

❸服務態度好的

❹價格低的

老實說光看「價格低的」這選項，就讓人想皺眉，因為每個人對低價的標準不同，沒給實際價格，答案會準嗎？

如果問卷要求只能單選時：

◆狀況一

假設大部分的人選擇「❷現做的」，心裡OS卻是：**態度差的話，就算東西是現做的也不會再來第二次。**但單選題的問卷，只能知道大家最在意「現做」，卻無法發現「服務態度」是第二重要的——然後你誤以為「價格」是第二重要。

◆狀況二

如果重視「現做」的人同時注重「服務態度」，而不重視「現做」中的少部分人在乎「價格」。即使從單選題的表面結果會看到，「現做」是最多人選，「價格」是第二多人選；可是背後的真相卻是「服務態度」的重要性應該排在「價格」前面，但因為只能單選，所以重視「服務態度」的人便把票都投給了「現做」。

我只是舉最簡單的例子而已，還有更多潛在問題是使用選擇題問卷所看不見的。如果能聽到客戶心裡的OS，是不是就會想辦法專攻「現做」和「服務態度」這兩點，讓生意變得更好？

再次說明，選擇題的問卷，無法預知客戶內心真正的想法；而開放式提問的問卷，雖然統計麻煩，但是麻煩個幾小時或幾天就能得到正確的策略、很多的細節，根本超級划算。

開放式提問才能聽到真心話

直接問為什麼，或是像我在社團發問的鯛魚燒問題，而不要讓客戶做單純的選擇題。去看鯛魚燒問題的留言串，很多人給了詳細的回答，你會從中發現對許多人而言，餡多代表甜膩，不代表CP值高、臭臉頂多去一次，不去第二次、為什麼大家這麼在意現做的原因、四十元的鯛魚燒對大部分人來說算便宜……這些都是非常寶貴的資訊。

現在這樣看好像覺得很簡單，客人要的不就是這些？怎麼可能判斷錯誤？但「當局者迷」，套用在你自己身上就容易有盲點了。要得到這些資訊，選擇題辦不到。

慎重對待每份問卷

前一陣子，我也在貝克街發了問卷跟老顧客們做市調，六天裡就有將近兩千多位回覆，每一條我都仔細讀過、記錄。不只是我，國外的行銷大師也一樣做這事：不管意見有幾千、幾萬則，都會用心閱讀。因為這些意見可以讓我們知道「客戶想要的是什麼」，而不是「我以為他們想要什麼」。

另外，我在設計問卷時會用這樣一個小技巧——**少少的選擇題搭配一個開放式問題**，就能得到很多有用的資訊。也要切記，問題太多，答題人就會亂寫。

再來，如果你想為市面上沒有的新產品做問卷，那問卷的參考價值就恐怕有限，因為人們往往不知道自己想要什麼。例如十幾年前，如果那時候有人說要做一款有拍照、上網、聊天功能，但要價美金一千多元的智慧型手機，有多少人會在問卷上寫「願意買」？不騙你，十幾年前美國還真的做過這種調查，九成以上的人都說不。結果現在呢？

聽見顧客的真心話

- ☑ 顧客的想要和你認為的想要不一樣。
- ☑ 問卷是探出顧客心裡話的利器。
- ☑ 開放式提問才能問出答案。

不要小看人類的「懶」

功能強大重要？還是輕便好用重要？

我家小孩剛出生的時候，因為過敏問題，所以打算買台可以吸塵蟎的吸塵器。我找到一個吸力很強的品牌，儘管價格很貴，但是「小孩的健康最重要，就買下去吧。」我最後這麼決定。

雖然機器真的很強，小孩的過敏症狀也有改善，可是它有個致命的缺點——又重又麻煩。

組裝吸塵蟎用的特殊接頭，其實只要幾十秒的時間，但這個動作就是讓我覺得累，心裡想著要是拿起來就能直接在床上吸塵蟎，不用抬著笨重的機器，該多方便啊！

過了一段時間，因為被網路廣告吸引，我忍不住又買了一台吸塵器。新的這台既輕巧又方便，正是我夢想的好物，隨手一拿就可以除塵蟎。自從有了它後，家裡的床單幾乎天天都會清理，因為實在太方便了。

兩台吸塵器僅僅相差幾十秒的組裝時間，就讓我的行為差了十萬八千里。因為那多出來的一點重量、麻煩，就讓人的惰性發揮到極致；特別是在創業時期忙得半死的情況下，就有更好的藉口不去碰它。

這件事很值得警惕，因為反過來說：你的客人很有可能因為小小的不方便，就放棄購買你的服務。

不要小看了人類的「懶」。

這就是為什麼很多網站會想盡辦法提高網頁速度，讓結帳流程愈簡單愈好，就是因為有非常多的人，只要網站稍微卡一下就放棄訂購；結帳時找不到按鈕，懶得問客服就乾脆不買。這是很常見的問題，聽業務推銷時，心裡有疑問卻不好意思提出來，甚至是「懶」，雖然對產品有興趣，但是連開口問都懶，直接走開比較省事。

慢慢解決好？還是一次解決好？

前一陣子要換家裡的馬桶，結果廠商跟我說需要改廁所的管線，我問對方：「那你們能直接改嗎？多少錢我再給你們。」

對方搖頭說：「我們沒有負責改管線，你要找水電師傅，照我們的要求改好再叫我們來裝。」

這時候我心裡就想：「那我還不如直接請水電師傅來裝馬桶，他要裝的時候自然知道怎麼改管線，還不用我花時間在你們中間協調。」然後，我直接找了其他水電師傅處理。

有些行業就是利用人類的「懶」來賺錢，例如便利商店。就算現在到處都有以便宜為賣點的量販店，大家還是會為了省幾分鐘的路程，跑到最貴的便利商店買東西。

不管是要靠著人類的「懶」來賺到錢，還是減少「購買時的阻力」來賺錢，**認真檢視客戶的購買流程，對業績的提升一定會有幫助**，哪怕只有提升一％的購買率，一個月下來的金額也會非常驚人。

「懶人商機」，成也因為懶、敗也因為懶

☑ 商機藏在懶惰裡。

☑ 客戶就是會因為一點點的差異放棄你的產品。

別跟你的產品陷入戀愛關係

曾經有個心理學家心血來潮調製了一款蘸醬，做完之後他覺得自己真是太棒了，竟然研發出這麼美味的東西，而他的太太嚐過後，只是默默把蘸醬收進冰箱。幾個月後，太太做了一道菜，心理學家試了一口說：「味道怎麼這麼怪？太難吃了吧？」太太回答：「這是用你之前研發的蘸醬做的。」

心理學家很尷尬，因為他非常清楚人類對自己做出來的東西會特別偏愛，可是沒想到他還是無可避免地騙了自己。

偏愛自己的作品不是什麼問題，但若是在你創業時也這樣想，這個心態就非常致命了。

有朋友準備在網路上創業，他選了某個產業來詢問我的想法。

我便教他怎麼看這類產品在網路上的搜尋量（一個產業網路搜尋量的高低，雖不能當作最準確的判斷方式，但可以作為參考）。沒多久後他說：「查好了。一個月大概有十個人在網路上搜尋這類產品。」

我反問他：「你的想法如何？」

他說：「我覺得非常有機會，市場很大，很多人有這類需求。」

聽到這個答案我差點昏倒！一個月只有十個人搜尋的產品，叫做「市場很大」？除非你的目標客群不懂得上網搜尋，偏好直接去實體店面購買（就是我們家中長輩之類），但我這朋友也沒去研究過特殊情況的數據，單看一個月只有十個人搜尋，就認為機會很大。

為什麼會這樣？他已經愛上了所選的產業、產品，所以會不自覺地說服自己——我的東西什麼都好。就像熱戀中的情侶，只看得到對方的優點；但熱戀期總有過去、清醒的一天。創業這件事，很多人連清醒的那一天都沒有。

老闆愛上自己的產品，看不到任何缺點，一直到公司要倒閉了，也不認為產品有問題，有問題的是客戶不懂欣賞。

賣不好都是別人不懂欣賞？

所有來問我意見的人，我都實話實說，可惜沒有多少人能真的接受，因為他們已徹底愛上一手辛苦建立的公司，無法面對現實。我家的產品是最好的、只要在這個產業撐下去一定可以賺大錢、我的產品CP值很高，定價沒有問題……請永遠記得這一點：**產品的銷售差，原因絕對不是出在客戶身上。**

面對現實吧！你的產品很可能存在著大問題。

之所以會特別提產品，是因為一堆人會把責任推到行銷——產品本身沒問題，是不懂行銷才賣不好。老闆對產品特別偏愛，因為那是自己一手打造或千挑萬選才進貨的，而行銷多半是直接叫人做，對「行銷」比較沒感情。

也就是說，在老闆心裡，「產品」是沒有任何缺點的，有問題的都是「行銷」做不好、客戶沒品味。許多老闆就這樣說服自己、欺騙自己，直到公司倒閉都沒發現，罪魁禍首是他最驕傲的「產品」；或者說發現了，但是不願意面對這個事實。

能夠跳脫出來、客觀檢視一切的，都是憑著實力一步一步往上爬的老闆。

為什麼會有人說，成功的老闆常常是無情的？

只有盡量把感性面降低，才能做出正確判斷；產品表現不好就可以馬上修正，甚至砍掉。

不過我不是教你變成冷酷無情的人，你可以學習福爾摩斯的辦案精神——在推理犯人時，不會排除任何人的嫌疑，即使是朋友。

至於該怎麼修正呢？

列出所有的可能性，比方市場選錯、廣告看起來不吸引

修正產品的流程

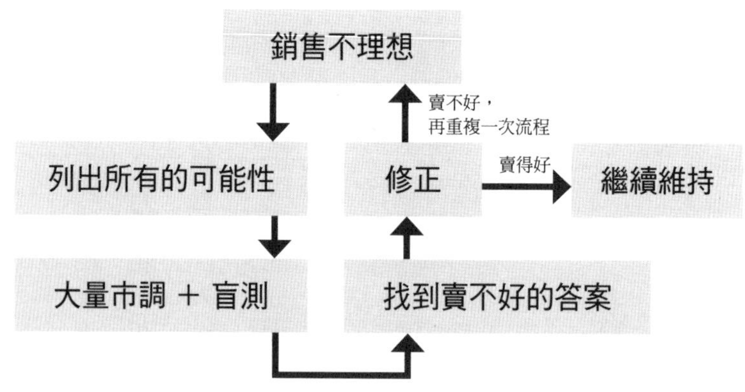

人、產品有問題所以不受歡迎……統統列出來，去找大量的目標客戶深入訪談，證實每個想法的正確與否、找到答案。也可以使用盲測——把你的產品和市面上其他受歡迎的品牌放在一起，撕掉標籤、標示，直接問目標客戶的使用感想。無論得到的答案讓你有多難受，那就是事實。咬緊牙根，做你該做的吧。一定很痛，但是值得。

更公正客觀地看待自家商品

- ☑ 你懂自家產品沒有用，要客戶愛才行。
- ☑ 理性才能跳脫一切難題。
- ☑ 儘管結果殘忍也要咬牙接受。

客戶不一定感激你的調整

我家附近有間以雞湯為湯底的日本拉麵店，每天都大排長龍，因為很清楚哪些時段不用排隊，所以很常去吃。有次進到店裡坐下後，店員走到我身旁說：「今天的湯底做了一點調整，加了些醬油，味道會不太一樣，先跟您說一聲。」

拉麵端上來，我已經有心理準備味道會不同，品嚐後發現確實像店員說的，湯頭變圓潤了，但味道也更重，以前可以喝完整碗湯，這次卻沒辦法。離開的時候，店員問了我感想後說：「謝謝，這不是最終方案，我們還會再陸續調整。」

從我進店到離開，店員用了一個很重要的技巧，那就是避免讓我有錯誤期待的「打預防針」。

打預防針①：避免客人產生錯誤的期待

因為這家店我常去，如果店員沒有事先跟我說口味調整過了，那我一定會覺得失望（奇怪），因為味道和預期的不一樣。除非調整後的味道更好吃，那才會讓我驚豔，但這難度很高：我對原本的味道熟悉也喜歡，想要讓我移情別戀，勢必得要好非常多才有可能——這也是為什麼搶別家店的老顧客會這麼困難。

但是因為店員先說了湯頭有調整，讓我有了心理準備，因此：

- 吃到不同味道時的衝擊會降低很多
- 可以仔細品嚐差異在哪裡

而店員在我離開時特別提到湯頭會再調整，也是打預防針，免得我以為口味會就此定案，不喜歡這味道，以後就不再來了。但是這樣做也是有風險的，客人是為了原本的味道而來，結果卻吃到調整中的產品，心情可能會不高興。有個因應辦法是詢問客人是否願意試口味有微調的產品，但這樣店家要做兩道工，會增加作業流程的麻煩。

為什麼要這樣強調呢？因為「**避免客人有錯誤的期待**」是非常重要的，只要和客戶的預期不一樣，就會對你的評價大扣分。

你可能會以為這裡說的期待，是指客人希望這個產品有九十分，買了之後發現只有六十分。這當然很不好，但我要強調的是另外一種錯誤期待——誤會。例如他以為你的產品有A效果，但事實完全不是，那就是「誤會」。

貝克街有賣一款威士忌冰淇淋，這款甜點的特色就是酒的嗆辣被拿掉，只留下香氣。但是我知道很多愛喝酒的人，在吃酒類冰淇淋時會特別注重那股嗆辣感，期待著「一放進嘴裡，就會被醉得很過癮」。為了避免這種錯誤期待，我特別說明：這款冰淇淋完全沒有嗆辣的酒氣，僅僅保留酒香而已，如果想要嚐到烈酒的快感，就不推薦這款甜點。

這樣就可以避免客人買了之後感到失望。

打預防針②：小缺點以實相告

世上沒有哪個產品是完美的，有小缺點時就誠實說明產品吧！

我最近帶太太去看某牌的電動機車，店員說明了電池續航力、操作方式之後，我當場下訂。幾天後，和一個也是騎同品牌車子的朋友聊天，他說：「這車其實很麻煩，店員跟你講的電池續航力根本就沒那麼多，而且每次下完雨我都要上油，不然鏈條很快就壞掉……」

這都是店員不會說的事，畢竟做業務要賺錢，可是顧客買了之後才發現有這麼多問題，感覺就會很差。

那要怎麼同時告知小缺點，又不會把客人嚇跑？那就是**同時提出另外的優點和證明**，讓人感到「瑕不掩瑜」。例如雖然電池的蓄電力低，但是換電站非常密集，住家旁邊就有，幾秒鐘就可以更換完成，不像加油站要跟別人排隊等候等等。

我自己在推甜點的線上課程，也會主動提及因為不是老師一對一的現場指導，製作過程中如果出錯，老師沒有辦法立即修正。但是影片可以無限次數地重複觀看，價格比現場指導便宜十倍，更有專屬社團，在上面提問題都會有師傅解答。

讓顧客事前知道產品會有的缺點，但是有彌補方式以及其他的優點，就可以避免顧客因為錯誤期待，在拿到產品後感到失望。

絕對禁止的心態

萬一真的造成顧客錯誤的期待，身為老闆的人絕對不能想：我一直以來都是這樣，也沒其他客人反應有問題，是你太龜毛！

務必再次確認是不是**自己的文案或圖片造成對方誤會**，因為有許多人可能是第一次買你的產品。就像有人生平第一次吃牛肉湯麵，才發現裡面沒有牛肉；或是牛肉湯餃，到底是牛肉湯加高麗菜水餃，還是牛肉湯加牛肉水餃？

並不是大家都這樣做或是你的店一直都這樣做，客戶就得知道你的產品長怎樣。文案和圖片的說明一定要清楚明白。

不懂的人很多，只是大部分的人不好意思反應出來，老闆因此才需要仔細確認有沒有造成消費者誤會的地方。

一次的誤解，永遠的飲恨

☑ 給客戶錯誤的期待是創業上的大忌。

☑ 世上沒有完美的產品，找優點來凸顯。

| 創業這條路 |

一定要能捨

有些產業只要單純地努力，能賺到的錢就是比較多；而有些產業，老闆自己做到死也賺不了幾毛錢。因為在難做的產業待過，所以我有這層體悟，知道即使一樣努力、一樣有才能，放在不同產業上，結果就是不一樣。我曾經忍痛砍掉不賺錢的事業，當下雖然痛苦，但是對於未來絕對有幫助。不管你能不能接受，事實就是如此，別再相信賣和尚梳子那種故事了，根本吃力不討好。

—專欄—

找到好員工的 3 技巧

貝克街的人員流動率極低，最菜鳥的人也待了快兩年，平均都有四、五年以上的資歷，反觀其他店家的學徒，能待一年就很了不起了。更別說，我家員工的工時比他們都短，待遇卻是更高。

一般而言，烘焙業員工每天工作十二至十四小時是基本，碰到大節日的話就像身陷地獄裡，這當然百分之二百不符合法律規定——工作超時、沒有加班費等等。

不符合法律規定，老闆就等著被員工搞、被員工威脅。我脾氣很硬，絕對不吃威脅這一套，所以寧願多花一些錢，讓自己沒有弱點可以被威脅，講話就可以大聲。

想像一下：當你叫懶惰的員工認真工作時，他反過來去勞動部告發你沒做好的地方，你會不會吐血？

我的觀念是對於認真努力的員工，好的待遇是應該的；對於爛員工，不要說給低薪，就算倒貼付我錢，我也不會讓他在這裡工作。也是因為我請到的人不會打混摸魚，工作的成效更高，待遇自然也更好了，這就是良性循環。

我自己在徵人選才時，有幾個技巧可以分享。

① 剔除磁場不合的人

每個老闆的個性不同，每間公司的文化和做事方式也不同，和你公司磁場不合的人，待不了多久就會走，對老闆來說都是很大的浪費。比方有的公司鼓勵創新、熱情，而有的公司追求嚴謹、紀律；創新、熱情的員工很難在嚴肅的公司裡待下去，反過來亦然。

除了薪水和待遇，公司文化和團隊的感覺，也是員工能否長久待下去的原因。

徵人除了要避免魯蛇和爛咖，也要刪掉那些可能只待幾天、幾個月的人。這些人不是爛，只是不適合而已，為了避免浪費彼此的時間和金錢，建議一定要在前期就刷掉。算算看就知道，如果請到的人都待不久，每隔幾個月就離職，你就得一直找人進來，然後不斷訓練新人，這樣要花多少的訓練成本？

等於訓練期那一、兩個月的薪資都砸到水裡，別忘了還有負責訓練的主管薪資，非常非常浪費錢。

◆不要用制式履歷

現在的求職平台有很多規定，例如沒有照格式填寫，履歷就送不出去，甚至連自我介紹都有模板給求職者抄用，所以提交的履歷看起來「好像」都有一定程度的水準。

但這就是問題所在。用過幾個人後，才發現他們只是照著模板抄，做起事來完全不行。這樣子的履歷，根本看不出來每一個人的特質，連照片都是相同規格，完全沒有意義。

所以，現在我在請對方提供資料的時候，只要求簡單寫幾個問題，例如為什麼想來這裡工作、自我介紹之類，讓他們自由發揮，也不要求字數、格式（PDF 或是 PPT）等等。

這樣你就會看到，在可以自己作主的情況下，這個求職者會怎麼處理這份重要的履歷——由此判斷對方的個人特質、適不適合你公司的文化。

那麼，老闆們要如何判斷眼前這份求職履歷，是你需要的人才呢？

答案是：「建立資料庫」。把所有的履歷存檔、面試的過程錄影（取得對方同意），以及開始工作後的表現，全部都詳細地記錄下來歸檔。

當資料庫開始建立，你會慢慢地愈來愈清楚，適合你公司的人履歷長什麼樣子。

◆吸引人的薪資很重要

有個很重要的前提——公司的待遇要吸引人。不然沒人來應徵，你再會挑人都沒用。

不要講自己開不起好待遇，因為一個好員工的效率，可以抵過兩個領最低薪資的普通人。既然都有辦法開最低薪資請兩個普通人了，為什麼不請一個好員工就好，給他更好的待遇？但這不是叫你只請一個好員工，讓他做到死，所謂「好的待遇」包含有足夠的休息時間。

初期請不起正職，也可以給高時薪找好員工，這些都是可以做的方式，絕對比你用最低時薪請普通人還要划算。

②藏在應徵照片裡的訊息

我的徵人文案都會要求應徵者提供照片。但我不會囉哩囉嗦地給一堆規定，簡單地說，就是一張生活照。

不同的公司適合不同類型的員工，喜歡創意搞怪的員工，待在呆板嚴肅的公司會生不如死。而對方提供的生活照會有一定程度的線索，讓你知道他是什麼樣的人。

試著把所有求職者履歷上的生活照集中起來，比對面試過程以及錄用之後在公司的表現，會發現一件非常神奇的事情。

在你公司待不下去的人，生活照風格都很類似；表現好的人，他們的生活照風格竟然也都非常相像。舉例來說，給我「網美照」的應徵者，都不習慣待在貝克街，但不代表這些人在所有地方的工作表現都一樣，他們只是沒法適應我公司而已。

因為貝克街的文化講求嚴謹自律，每件事都要像職人般做到好，要做到這程度，很多事情都必須經過一板一眼的練習。尤其做甜點就像是科學實驗，步驟流程該怎麼做就怎麼做，一旦亂改就會出問題。

真的想要改，只有在自己打好一切基礎後才有本事調整，但這需要好幾年的時間，對喜歡創意的人來說是受不了的事，他們想要做不一樣的事情。

也就是說，統計後我們會發現：確實有某種生活照百分之百不適合你公司，卻不可能有某種照片風格「一定」適合你公司。說得再簡單點，可以在貝克街開心工作的人，生活照都是走自然風格，卻不是「所有」自然風格的人都適合貝克街。

這個做法的準確度真的很高，試過一段時間就可以理解。

③初步淘汰不適任者的方法

剛開始徵人時，曾經有過經常重複找新人、新人做不久、找新人、新人又做不久……的惡夢，我就像隻跑滾輪的倉鼠在地獄裡循環。明明待遇都開得比同業高，為什麼這些人就是做不下去。後來才發現，這些人原本就不適合我公司，問題是要怎麼在前期就過濾掉這些人呢？

於是，我在徵人文案、篩選履歷、面試等階段做了不同測試，終於找到方法。

◆先講出公司的最大缺點

這麼做就是為了①打破求職者的幻想，例如貝克街在徵人時我會在文案放上一堆烘焙模具，直接讓想應徵的人知道，來這裡工作的第一件事就是要先學會清洗這些東西，而且是每天洗，沒有日劇或韓劇的陽光帥哥、俏麗女孩。②再次打破求職者幻想，在求職者投了履歷後，我會回一張廚房照片給對方——乾淨、明亮，一眼就感覺非常無聊的地方。站在漂亮的甜點吧檯，那是師傅等級的人做的事。大概在這時候就會有一半以上的應徵者消失了。

◆要求對方提供通勤時間

也就是從住家到公司要花多久時間？車程超過一個小時的人，不僅容易出狀況，在看徵人訊息時八成也是不動腦袋，胡亂投一通，等到面試時才發現原來路程要這麼遠！這時候，他們會怎麼做呢？

沒品的人，面試當天直接放鴿子；品行好一點的，傳訊息告知取消面試。但多數的人會硬著頭皮來，面試完後再用各種藉口說不能來上班，因為他們不好意思承認，當初沒有想清楚就投履歷。

依照我的經驗，路程太遠的人大多做不久，不管剛開始時說得多好聽都不能被迷惑，大部分都是三分鐘熱度，只有非常、非常少數的人，是住得遠，表現又好的。

◆面試時的最重要關鍵

我需要很直接地說，面試固然重要，但想要只靠一次面試就辨認出應徵者適不適合你公司，那絕對是不可能的事。舉貝克街為例，通過面試後，還會有複試、學習期（以上都必須符合勞基法，務必要先了解相關法律規定）。

雖然面試的效果有限，但仍是不可或缺的存在，有些技巧只有在面試的時候能用，最重要一項就是深入提問。

提問有很多種目的，例如詢問履歷不清楚的地方、確認對方的實力、更認識這個人等等。但我這裡講的「提問」，是要更了解對方的品行和特質。很多公司都把品行擺第一，我也是，但品行不是只有偷拐搶騙，還包括下面這些事：

- 假裝生病，在最忙的時候請假。
- 挑輕鬆的工作做，爛差事丟給同事。
- 拖延下班時間，賺加班費。
- 在公司散播不實謠言。
- 為了自己方便，不照 SOP 執行工作。

例子太多了，我統統都遇過。所以我寧願請個能力正常但品行良好的人，而不是能力超強，但品行不佳的員工。

重點來了，要怎麼深入提問了解對方的品行和特質？

想辦法讓對方多講話，面試官負責聽就好。讓受試者多講話，講愈多就會愈放鬆，本性就會在不經意之間流露出來。多用「**為什麼、怎麼說、你是如何……**」來提問。但記得不要問私事，這類基本常識應該不需要我再多說。

④當員工變成競爭對手

最後，提一個創業者的痛——前員工在你這邊學到技術後，出去開店變敵人該怎麼辦？一般來說，這問題可以分成三個狀況：

❶員工完全照抄，做法、產品類型都一樣，連品牌名稱都像，擺明要占你便宜。

❷員工學會技術，出去開自己的店，品牌名稱和你完全不同，產品也不一樣。

❸離職員工開的店，品牌名稱和你完全不同，但產品、做法都是拷貝你。

狀況❶是非常惡劣的做法，等於是小偷。如果有申請商標，可以直接透過法律途徑解決，比較簡單。

狀況❷，我認為是可以接受的。擁有一個開店的目標，先到相關產業學習相關技能，是很正常的事。你也不可能要求離職員工禁止使用從你那裡學來的技術吧？再說，品牌名稱、產品都和你不同，對你的影響很少。

狀況❸，不同品牌卻使用一模一樣的配方、做出味道一模一樣的產品，這是無法規範的。除非你的技術有專利，但是在餐飲業，要有專利很難。

所以，狀況❶就走法律途徑解決，狀況❷你不需要在意，狀況❸可以這樣解決：不教員工核心技術，統統自己動手做，很多百年老店就是這樣，但老闆就可能永遠沒有休息的一天。另一個方法，就是聘請品行端正的員工。就算他們學會所有技術離職，也不會拿你的產品照抄，至少會發展出自己的風格——這就是我在用的方法。也因為如此，我才能有更多時間提升業績，不然整天擔心祕方被員工偷走，什麼事情都攬下來自己做，公司很難擴大。

有值得信任的人協助，你的事業一定會成長得非常迅速。

要請到適合的員工，是很有挑戰的一件事。
這裡有一份檔案，是關於更多徵到員工的方法，你在填寫 email 之後，檔案就會寄到你的信箱，未來我也會用 email 寄相關經驗給你。

第三話

／

行銷操作

商品上架不會自己賣起來，
別讓你的好產品死在不懂宣傳上！

BaCo Street
Chocolate Cake

那些網路行銷的迷思

——網購很好賺啊！不用店面、更不用太多人力。
真相是沒有做好基本功，一樣無法吸引人……

一按就暢銷的按鈕

網路廣告工具非常多，FB、IG、Google關鍵字、聯播網……一大堆。但現代人操作網路廣告工具有個盲點，那就是不斷追求「神奇的按鈕」——以為工具裡有一些不為人知的隱藏功能，一按下去，廣告費就會大幅降低、訂單源源不絕地湧進來。

我初期接觸網路行銷的時候，也是追求這種神奇按鈕，直到後來才發現這完全是錯誤的觀念。網路行銷工具就像加速器，安裝在汽車上，可以讓車子跑得更快，但是最關鍵的地方並不是加速器，而是引擎、輪胎、車身與各個小零件的良好配合。沒有加速器，車子一樣可以抵達目的地；但是只有加速器，若引擎是壞的，連動都動不了。同樣地，輪胎漏氣、引擎破爛，裝上加速器之後也沒辦法跑多快。

一個產品能不能在網路上賣得好，網路行銷工具只占了部分原因。但很多做網路行銷的人，經常是文案寫得亂七八糟、圖片拍得毫無美感，然後花一整天的時間煩惱怎麼讓廣告跑得更好，這根本是錯誤的做法。

我曾經研發一款蛋糕，為了這蛋糕寫下吸引人的文字、請專業攝影師拍照。那時我做了個實驗，就是打廣告的時候完全不設定年齡、性別、興趣……統統都沒有，就隨便砸錢下去。結果，成效一樣超級好，每筆訂單的廣告費不到一百元，但訂單金額都超過一千兩百元。

車子的車身、引擎、零件
＝創業時的產品、定位、定價、文案等基本功這也說明了，只要你有把基本的事情做好，廣告隨便打都可以賺到錢。

而且不管是FB還是Google，它們的規則隨時在更改，你就算真的找到了神奇按鈕，也只能短暫地用幾個月，甚至幾個星期而已。

但是關於網路廣告工具，有個規則是永遠不變的，未來也不會變，那就是只要你提供❶吸引人的文字、圖片，❷替客戶創造價值，不管在FB還是Google的廣告，甚至是未來出現的廣告平台，永遠都是吃香的，因為這和人性心理以及市場機制有關。

◆網路行銷工具的本質

對於FB和Google來說，最重要的就是有使用者用它們的工具。廣告主花錢打廣告只是次要，因為如果都沒有人使用它們的工具，就不會有廣告主要來打廣告。

它們需要提供吸引人的內容、有價值的資訊，而這些東西的來源就是「你」。

那，發生什麼事會把使用者趕跑？——爛廣告。

為了讓大家盡量使用自己的工具，他們需要避免爛廣告出現的機會，只秀出好廣告。所以他們會讓客戶反應差評的廣告，把費用變貴，出現在客戶面前的次數變更少；而客戶喜歡的廣告就降低費用，提升出現在客戶面前的次數。

如果你覺得廣告費很貴成效又差，很遺憾，這不是FB的問題，而是你的文案、產品、圖片被歸類為爛廣告，因為對厲害的電商老闆來說，廣告費是便宜又划算的。

好廣告

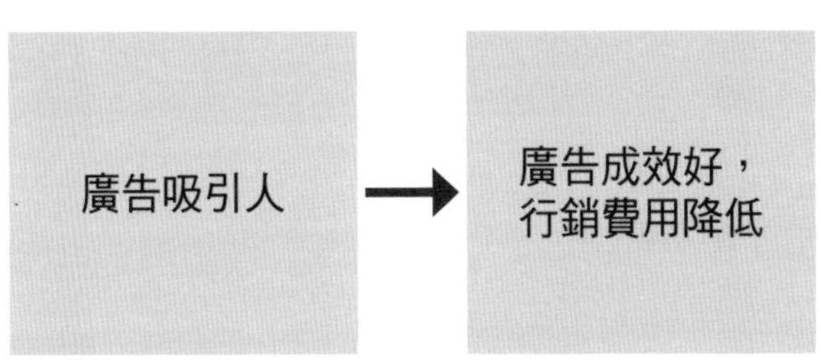

爛廣告

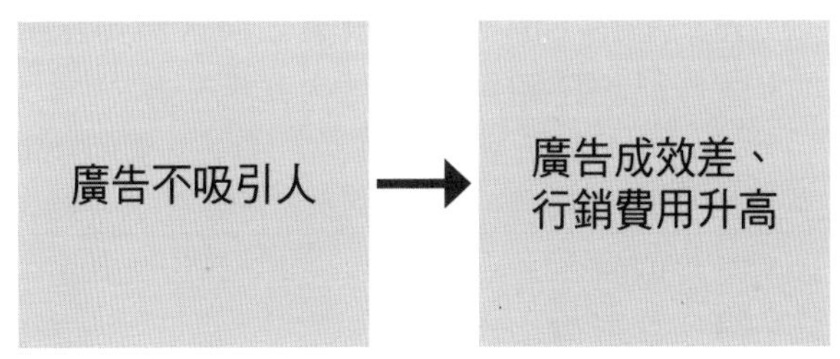

不管你在什麼地方投放廣告，都要記得一件事——你的廣告是要讓人有興趣看，還是讓人覺得煩？

兩步驟從廣告中學優點

有個功課可以幫助你做出更好的廣告。

步驟❶打開FB動態牆，點開所有廣告，把它們分成兩類，一類是

好廣告與爛廣告的區分方法

好廣告	•留言成百上千則 •轉分享數高 •留言內容都是詢問產品相關，例如確認功能或誇讚產品。若內容和產品無關，有可能是廣告失去重點（例如都在搞笑，沒人記得產品） •廣告已經持續好幾個月，甚至一年 PS. 為了抽獎的大量留言，例如一堆人複製貼上同樣的留言，可以直接略過，因為沒有參考價值
爛廣告	•留言很少 •轉分享很少 PS. 剛貼一兩天的廣告是例外。有些廣告反應很低，客人卻私下瘋狂下單，這是很少見的特例，和目標客群有關

表現爛的廣告、一類是表現好的廣告，至於好廣告和爛廣告的區分方法，可以參考右頁的表格。

步驟❷分析這些廣告的文案、影片、圖片有何不同。把好廣告的優點列出來，當作學習的對象；爛廣告的缺點也列出來，避免重複一樣的錯誤。

多做幾次這種練習，你的文案功力就會大大進步了。

小技巧：善用「追蹤碼」

幾乎所有的網路廣告，都會有一個東西讓你裝在網站上，那就是「追蹤碼」（或是像素）——一小段的程式碼可以讓你知道這廣告打出去，得到幾筆訂單？哪個廣告的表現最好？

這樣做的好處，就是可以把表現差的廣告關掉，你也會知道哪個文案、哪個影片，幫你帶來最多的訂單。要注意，並不是按讚留言的人愈多，你的訂單就愈多。

我在裝了追蹤碼之後，才發現有些廣告雖然留言的人很少，可是帶來訂單的效果卻是最好的；而有一些廣告雖然很受歡迎，卻連半個訂單都沒有！要是沒裝追蹤碼，你根本就不知道廣告的表現怎麼樣，這些訂單可能是廣告來的，也可能是朋友介紹的，你沒辦法決定增加廣告費，還是要砍掉廣告費。裝上追蹤碼，可以幫你大幅節省廣告成本，避免把錢丟到水裡。

另外，它還有很強大的功能，那就是你在抓了幾筆訂單之後，AI機器人就會自動分析「消費者類型」，讓廣告更常出現在這類人面前，提高你的成交率。也就是說，你把追蹤碼裝好之後，根本不需要太擔心操作技巧、設定細節，因為會有AI機器人幫你處理。

不像以前，AI機器人還沒這麼成熟，設定廣告需要把年齡、興趣等等分割得很細，不斷測試再測試，現在只要設定一個大概，其他讓機器人去做，就可以有很好的表現。

所以在你開始選擇網路廣告的時候，記得去問客服人員，追蹤碼放在哪裡？拿到後，再請程式設計師，把它放到官網裡。

只要做到這幾點，你的廣告表現就會有一定的水準！

暢銷的按鈕在哪裡？

☑ 吸引人的文字圖片、替顧客創造價值，才能永遠吃香。

網路開店比較省成本？

幾年前，我的工作室為了換地方，所以開始找房子。仲介小姐帶我看房時問了一句：「所以你是做哪一行的？」

我回答：「我是做巧克力蛋糕的，貝克漢的貝克，街道的街。」

「這樣你們的店面在哪裡呀？」

「沒有店面，在網路上賣而已。」

仲介小姐恍然大悟：「原來是在網路上面賣呀！那很好呀，一定很省成本，店面租金太貴了吧！」

聽到她這樣說，我心裡只能苦笑，這真是大家最常見的誤會，我們這種在網路上販售自有品牌的產品，根本不像一般人想的這麼好賺。

你以為的流量不是流量

架好網站後，會有多少人來看我們精心設計的官網？只有兩個，一個是你自己，另一個就是你的媽媽。

街上的實體店面，裝潢成本和租金，其實可以等同於廣告費，路上行人來來往往的總會看到店面。但是官網上線，不會有人主動跑來看，更不會有人潮。

這裡講一個術語：流量，意指「**網路上的人潮**」。

那要怎樣才能把人潮導到官網呢？

方式有很多種；想辦法讓網站變好、更容易搜尋到、建立粉絲專頁、在各個購物平台上架（例如樂天）、打各種付費廣告等等。但其中隱藏了三個誤解！

誤解❶ 免費

一般人會認為，網路就是要用免費的方式來抓到流量。事實上，免費只是表面而已，它其實很耗時間，換算成金錢，很有可能比廣告費還貴。我以前曾為了想要增加粉絲，就和太太一個一個去邀請不認識的人加入粉絲專頁，花了一堆時間。這方法真的很蠢，現在應該不會有人這樣幹。如果你想要用免錢的方法增加網站人潮，一定要算清楚消耗的時間。

誤解❷ 粉絲數字

你是不是以為有一千個粉絲的粉絲專頁，只要發文，這一千個人就都會看到？大錯特錯，有時候可能連一百個人都沒有。

誤解❸ 上購物平台一切就安心了

購物平台也是種網站，各家公司的產品可以在上面販售，好處是不用自己花大筆錢架網站，又可以有一些些的人潮。但，就算購物平台每天都有宣傳說的幾十萬觸及率，也不代表你的產品會被這幾十萬人看到。因為這些消費者進到購物網站後，必須先搜尋到你的產品類別，在這裡頭可能已經有好幾百個競爭者……而你的產品已經排到幾十頁之後。

想想自己平常的搜尋習慣，搜尋結果出現後，你會看到第幾頁？大部分的人只會看第一頁。同樣道理，當你的產品在購物平台成千上萬的競爭者裡、排到第幾十頁時，又會有多少人看到？

有時候，一些小型購物網站，也許一天只有一萬人潮，但競爭者幾乎是零，在那邊上架的效果反而更好。這也是選擇購物平台的其中一個考量。

想要免費廣告、上電視，就得有特色

有些平台會幫你宣傳，但一樣要付錢；也有免費幫你宣傳的購物平台，前提是產品要有特色或是夠有名氣。以貝克街來說，只上過一、兩次購物平台，主要是品牌定位的關係。我喜歡自己官網呈現的風格，放在購物平台上，風格就會跑掉。

我有朋友在購物平台做得很好，他們不是自己想盡辦法打廣告、把人潮導進來，就是產品非常有特色，被各大媒體報導——有些購物平台會跟電視節目合作，只要夠有哏，就可以免費讓你上電視。或是非常非常幸運，碰到一個很用心的業務，會幫忙你宣傳，那就很有幫助。

所以並不是上了購物平台之後，自己就可以輕輕鬆鬆，什麼行銷都不用煩惱。

廣告公司代操的模式

再來講付費廣告。廣告公司會幫忙你操作FB、Yahoo等的廣告。基本上，自己操作廣告和交給廣告公司來做的優缺點，很好想像。自己學著做的話，可以省下服務費用；知道正確操作方式，效果一定大增，因為你會很用心對待自己的錢，藉此省下可觀的廣告費。交給廣告公司的話，自然是不用學就有人幫你做，雖然要付服務費，但只要操作得當也是很划算。

廣告費要花在刀口上

不管是FB或Google，它們最喜歡做的事就是花光你的廣告預算。只要你一有廣告表現得不好時，錢就會像開水龍頭一樣不斷地流。

要克服的方法很簡單，就是勤勞地一直檢查、調整、檢查、調整，把表現不好的廣告關掉。像貝克街發現週六、週日的廣告效果不佳時，就會特別在這兩天減少預算。萬一你碰到爛的廣告公司，他才不會管你這些，給他多少預算，就統統燒下去，哪裡會幫忙想在效果不好的時候少花點錢，我自己遇過的三間公司都是這樣。當然，如果你遇到了很好的廣告公司，就沒這種問題了。

網路廣告比店面省成本嗎？

普通人、普通技術做廣告，大概要拿售價的二十％做廣告費才可以拿到一筆訂單。假設一筆訂單是一千元，廣告費就是兩百元；如果知道怎麼正確操作，廣告費便可以控制在十到十八％，技術更好的話還能低於十％，甚至是五％。

這樣你就可以去計算，網路開店有沒有比較划算？

每月營業額百萬，普通操作技術下的廣告費要噴二十萬：這樣有比開實體店面划算嗎？除非你知道怎麼操作網路行銷，有本事壓低廣告費，不然在網路上賣東西不見得比較便宜。

網路開店的重點

- ☑ 自己操作廣告最好。
- ☑ 行銷費用的估算不可少。

該找行銷公司嗎？

每次講到和行銷公司有關的事，我都要先強調一件事——厲害的行銷公司是有的，只是你要知道怎麼挑。

在我還是個創業新手的菜鳥時期，不懂什麼是好的行銷公司，就隨便找了一間合作，結果慘不忍睹，錢更沒賺到半毛。那時我心想：也許只是運氣不好吧？再找別家試試。

第二間……一樣爛；第三間……一樣爛；第四間……一樣爛。後來，不記得換到第幾間，我放棄了，統統自己做。

在我把公司做起來後，也開始私下幫人操作行銷。我的原則是這樣：

如果沒讓對方賺到錢，所有的損失、成本、相關費用，統統由我來支付，對方不用出半毛錢。

每一次的行銷，成本至少都是幾百萬，要是沒賺到錢，我就要吞下這幾百萬的費用；不過相對的，如果有賺到錢，我會拿淨利的五十％。沒有其他公司敢這樣做，但是我做了，因為我知道自己的實力，賺到錢的機率是大的。而到目前為止，這種方式也確實讓我賺到錢。

可是我做的行銷不只是投廣告而已，定位、品牌、產品、文案、定價……全部都要管！為什麼我要管這麼多？

因為在血淋淋的戰場上打滾後，我清楚知道行銷不是只有投廣告、寫搞笑文案、找網紅或做些有創意的噱頭而已。**行銷需要從最根本的定位、產品等全方位都考量到，產品才會好賣**。這也是為什麼我不再幫別人操作行銷的原因，因為耗費太多時間、精力，把這些精力用來賣自家產品比較划算。

而且，賣自己的產品不用看人臉色，幫客戶操作，還要反覆地溝通產品細節。對我來說很麻煩，不是我喜歡的商業模式，所以我不再幫人做行銷，只維持現在合作的關係。

從我的經驗，你應該能看到行銷公司做不好的原因了吧？

想幫客戶做好行銷、真正賺到錢，需要像我一樣「管很大」。但代價就是巨量的時間和成本，重點是要有真本事……這種情形，有多少公司願意做？

對行銷公司來說，最輕鬆又高利潤的賺錢方式，就是只幫客戶投放廣告，再抽廣告費的十到二十％。客戶如果沒有賺到錢，也是客戶的問題；而且只投廣告，隨便一個菜鳥花點時間就可以學會，但是真正的行銷人，花三、五年的時間都不一定訓練得起來。

所以，差的行銷公司會選擇輕鬆的路——專心培養業務，說服不懂的老闆，把錢交給他們。最常用的話術之一就是：「就算你會投，但是我幫你操作，可以節省你的時間。」若操作之後沒有效，就會說：「因為廣告要多跑幾天啊，還有錢投得不夠多。」

其實投廣告，根本花不了太多時間。初期自己投，後期讓員工操作絕對比較划算。算算看，假設一個月花十萬元廣告費，廣告公司抽十到二十%，等於要付出一、兩萬，但這金額對你來說值得嗎？處理這些廣告，一天平均花不到三十分鐘，有時甚至只需要幾分鐘檢查一下，換算成員工時薪才多少錢？所以很多老闆都直接教員工投廣告，成效還比行銷公司更好。

這就是為什麼，我鼓勵老闆自己學廣告，因為廣告操作是最簡單的，該按的按鈕按下去就好。真的很懶不想學，也可以像我朋友一樣，直接買廣告投放課程給員工看，讓員工照著課程做。我也是讓貝克街的員工直接操作廣告，幾小時的學習、操作個幾天就可以了。除非你要求員工找出產品滯銷的原因、改善方法，那就要大量時間的訓練。

雖然三腳貓很多，還是有厲害的行銷公司，他們會很用心去了解你公司的產品、定位、客群，把這些全部串在一起，做出最有效的行銷規劃。厲害的公司，收費可能高得嚇人，但是接到案子就投入全部心力去了解客戶的目標客群，甚至把自己變成目標客群那樣的人，融入他們的生活，才知道怎麼做出最適合的行銷。而不像三流廣告公司，只會投廣告、找網紅、辦活動吸引流量，有沒有賺錢是你家的事。

回到標題，要找行銷公司嗎？我建議自己學，但是如果你想，還是可以找，不要找只會投廣告的公司就好。可以這樣判斷——當你和行銷公司洽談時，如果對方只想拱你拿錢投廣告，不願意花時間精力去了解公司的一切，那就做好心理準備，別抱太高的期望了。

不過我講真的，想叫普通的行銷公司幫你找出問題改善，他們也辦不到，頂多是亂槍打鳥，萬一找錯了，損失也是你負責。

只有厲害的行銷公司才能找到真正的問題並改善，加上他們會全方位規劃，那就不是客戶花一點時間模仿得起來的，甚至好幾年都學不起來，那就是具實力行銷公司的真正價值。

要懂怎麼挑行銷公司

☑行銷不只是下廣告。

☑定位、品牌、文案、定價統統都要管。

☑自己先懂，才能期望找到好夥伴。

這裡有一份檔案，是關於如何做好網路行銷的技巧，你在填寫 email 之後，檔案就會寄到你的信箱，未來我也會用 email 寄相關經驗給你。

｜創業這條路｜

小心處理酸民

酸民會出現在各種評論或FB貼文上，無所不在地攻擊你。如果這留言是他使用過後，不符合喜好才上來批評，我會讓它留著，因為他只是敘述自己的真實心得。什麼樣的留言該刪？吃都沒吃過、看都沒看過、用都沒用過的人的刻意發文。不要因為酸民而沮喪，這是再稀鬆平常不過的事，就連金庸大師都會被酸民困擾，更何況是我們？

別錯過客戶的購物瞬間

——網路購物看似商機大，
但小心不要澆熄顧客的購買欲望……

打鐵要趁熱

某次，我滑手機時看到一則水餃的FB廣告，整個產品的介紹文案、影片、圖片都非常吸引我，所以我點開網站，準備下單。但是，選擇產品的時候，滑了半天都找不到我最愛的韭菜水餃，再三確認後發現：竟然只能買綜合的，不能單買韭菜！

「那好吧，等隔天客服人員上班時間，我再打電話問好了。」我心裡想，然後就完全忘了這回事。還好FB有追蹤功能，隔天那水餃廣告又再次出現我面前。可奇怪的是，只是睡了一覺醒來我就沒有那種衝動了，直接滑開。

後來我不斷思考、探討自己的心理狀態：為什麼會這樣？（研究自己購物時的心理狀態，對行銷十分有幫助，我常常這樣做。）我發現這就是自古以來常聽到的話——打鐵要趁熱。

每一則吸引人購買的廣告都是精心設計的，它就像一部精彩的電影，會有起承轉合接到最後的高潮，讓人感動落淚——電影不可能一開頭就讓你感動得痛哭流涕，廣告也是。很多人期待廣告只放幾個字，例如「限時下殺」，就可以讓人瘋狂購買，那是錯誤的期待。

讓人剁手指也要下單買的廣告也是同樣模式，都需要鋪陳：

- 開頭標題要盡可能吸引目光
- 第一段的說明文字讓人不自覺地想讀下去
- 最後搭配影片、圖片、檢驗證明、好評……

如此環環相扣，讓客戶的情緒漸漸高漲，最後一股衝動竄出來，心裡吶喊：「我一定要買，不買對不起自己！」這就是最後的高潮。但這時候只要碰到一點阻礙，沒辦法當下完成購買行為，心裡那股衝動就會迅速消失。

哪怕是同樣的廣告，隔天再送到客戶面前，效果也有差。因為顧客已經看過了，不像第一次的驚豔，從頭開始體驗被廣告催眠的旅程，按下購買鍵。

以平價的產品來說，如果在網路上打廣告，一定要注意能否第一時間說服客戶「馬上」購買？要是沒辦法，就會損失很多訂單。

阻礙客戶衝動購買產品的情況有很多，所以你需要找人測試自己的網站，請他們提供意見，並列出客戶看到產品時可能會問的問題。如果顧客總是要詢問客服後才下手購買，那就代表你的說明不夠清楚，讓他們不敢馬上做決定。更慘的是，很多人連問都沒問就放棄，你連自己跑掉多少訂單都不知道。

所以我們才會常覺得業務總愛纏著顧客不放、想盡辦法要當下成交，最好不讓對方有機會回家「考慮考慮」。因為回到家，除了衝動會消失不見之外，還會被家人、朋友，甚至自己養的貓給阻止；我沒在開玩笑，很多人看到家裡的寵物，想到還要花很多錢在牠身上，就打消和業務員交易的念頭，這種事屢見不鮮。

注意！阻礙衝動購物的絆腳石

- 不能「馬上」下單
- 網站速度很慢
- 說明不清楚，需要隔天問客服
- 付款方式有問題
- 到貨時間不清楚……

業績優先最重要

幾年前，有件事讓我印象深刻。那時候新產品剛開賣，第一天的反應非常冷清，但是有許多客戶寫信來問一樣的問題。雖然我已經在產品頁面詳細講解，但很多人還是不懂，所以我決定用最白話的方式呈現，連小學生都看得懂。

為什麼不一開始就這麼做？因為原本覺得那樣的文案看起來不夠正式。但我想到業績優先，如果**文字不容易懂，等於沒用**。結果修改後，第二天的業績比第一天高出三倍以上！

壞消息是，我不知道第一天損失了多少；但往好處想，我在第二天就馬上做出調整、止血了。

不過，還是有個例外情況——上萬元的高價位產品不適用。高價位的產品，客戶很難在看到的當下馬上購買，猶豫、比較的過程是一定的。這種產品類型需要比較多的時間，讓顧客去反覆比較，慢慢地、一點一滴地說服。

如果你的產品售價只有一、兩千元，那就要想辦法當下成交。切記，網路的追蹤功能不是萬能，不可能百分百追蹤到每一個客戶，沒在第一時間讓客戶下單購買，他可能會馬上忘了你。

緊抓著衝動購物

- ☑客戶的衝動瞬間很短暫。
- ☑想辦法減少對方思考的空檔。
- ☑讓購物流程一氣呵成地完成。
- ☑好懂的廣告才能達成效果。

那些浪費時間更浪費錢的事

我和兩個兒子會玩一種玩具叫「戰鬥陀螺」，遊戲方式很簡單，對戰時把對手的陀螺打出界、停下來或是打爆，你就贏了。

兒子一個四歲、一個八歲，我和他們玩任何遊戲都不會放水，我跟他們說：「不放水代表對你們的尊重，哪天你們打敗我，就會知道是真的贏我，是靠自己的實力！」

然後我被打敗了。而且是被四歲的小兒子，我尷尬地看著他囂張慶祝。我有放水嗎？沒有，我一樣是用了全身力氣把陀螺打出去。

在恥辱的戰敗之後，我冷靜地思考，為什麼會輸給一個四歲小孩？仔細觀察後終於發現原因——原來陀螺有分類型：攻擊、防守、持久。三種類型就像剪刀、石頭、布一樣，彼此相剋。知道原因後，接下來我每戰皆捷，換兒子看我囂張。可是我的好日子沒有過太久，有次我不小心給了他一個特殊陀螺，幾乎是無敵的，我又輸了。

這例子讓我想起以前跑業務時，常看到的兩種做法，你覺得誰的成績比較好？

業務Ａ：對每個客戶都用盡所有力氣、花數十分鐘去說服

業務Ｂ：快速判斷對方是否有機會，再決定要不要講下去

很明顯是業務Ｂ，為什麼？因為想要說服每一個人，包括說服不適合你產品的人，那是非常吃力的一件事，成功機率很小。

如果眼前有數不盡的客源可以接觸，一定要選擇業務Ｂ的方法，不要浪費時間在錯誤的人身上；但是當你能接觸的人有限，就得採用業務Ａ的方案。例如我做過電話行銷員，一天能打電話的名單有限，因此要想辦法說服名單裡的人或廠商，費盡全力成交，沒有挑選的餘地。

可是在研發產品的時候，就要小心選擇客戶。

有些老闆會說：「我的產品，就是要讓原本沒興趣的人也會愛上！」這是很危險的想法，因為你會浪費精力去討好「錯誤」的人，甚至把資源砸在錯誤的目標身上。比方說，有些老闆看到偶爾出現的產品負評，就煩惱得吃不下飯，甚至急著去修改產品。

問題是其他九十九個正評，都喜歡原本的產品啊！但老闆卻專注在這「錯誤」的人上，萬一真把產品給改了，還丟掉原本的客戶。

在廣告文案上也是，不要為原本就沒興趣的人寫內容（除非你要做測試），應該優先和有興趣的目標客戶對話。

做生意最浪費時間、金錢的動作，就是改變人的成見。

找原本就是目標對象的人溝通，不是輕鬆又愉快嗎？而除了目標對象外，也可以是沒有特定想法的人。廣告中有個技巧就是讓客戶「察覺」到他其實有這方面的需求，這是針對沒有想法的人使用的，不要奢望這個方法放在錯的人身上也有效。

有這樣的了解，你在面對面說服客戶或是自己製作廣告的時候，就會有不同的方向。

找對方法才能省時省力

☑ 依照客群選擇說服方法。

☑ 不用妄想可以改變對方的成見。

☑ 找對人、說對話。

優惠的技術

我偶爾會在餐廳吃完飯結帳時，遇到櫃檯人員說：「剛好今天有做活動，金額可以折抵一百元。」有時，我會待在旁邊偷偷觀察，發現十個客人裡九個和我一樣——一臉得到「驚喜」的樣子。

「驚喜」對顧客是好事，但對老闆來說就不一定了。老闆會因為不同的目的而給優惠，有的是想拉抬業績、有的想做品牌形象（強調物美價廉）等等。如果你的目的是想「拉高業績」，而顧客在得到優惠當下感覺到「驚喜」，那就不是好事了。為什麼呢？

想想這個流程——為了提高業績，所以想用優惠吸引更多人來店裡消費，當這些人在結帳時發現有優惠時會驚喜嗎？不會，因為他們原本就是被優惠吸引來的客人。會感覺到驚喜的，是那些不知道有優惠的人；既然不是為了優惠而來，這時候給他們折扣不就等於是直接砍你的業績嗎？當然，如果你的目的是想要為品牌創造物美價廉的印象或是讓客人開心，那就沒有問題。

以上是第一種情況，第二種情況是本來一個月買你一次產品的老客戶，看到你推出優惠方案，照樣每個月來一次，他也得到折扣了，這樣也是在砍你的業績。

第三種情況是顧客趁著優惠期間大量囤貨，等你的優惠期間結束後，生意就會往下掉，平均下來反而更慘。

想要用優惠吸引顧客，必須要分析清楚才能下手，而我有幾個做法。

情況① 安排憑證

請對方主動秀出憑證（優惠券的截圖畫面或是廣告的截角），才有資格取得優惠；其餘不知情的客人，沒有憑證就沒有優惠，你也不會有損失。

但有個小地方要注意，如果客人手邊沒有憑證，卻強調自己在某某地方看到優惠訊息，所以才特地來消費……這時，就需要用有智慧的方式處理，例如禮貌地提示對方可以去哪邊取得憑證。切記，強硬地直接拒絕可能會發生壞事，你一定懂我的意思。

情況② 提高回購頻率

首先，計算顧客購買的頻率。假設計算結果是一個月一次，那就讓老客戶在優惠期間內多回購一次。做法很簡單，直接把優惠券的期限訂在兩週內，發給每一個來消費的客人，他就有可能會為了使用那優惠，在期限內再來一次。如果發現顧客平均半年才來一次，那就可以每兩到三個月發一次優惠通知，刺激他們的回頭頻率。

只要計算好，就可以利用優惠的策略大幅提高營業額；可是要注意，每次活動結束都要分析數字，確認成效是不是真的好。萬一效果不好，有可能是優惠方案真的太好了，導致利潤降低，或是方案太差，顧客不想用，或是產品不夠吸引人等等，這些都要確定。只是這方法如果遇到第三種情況，會造成反效果。

情況③ 廣發通知

第三種情況和產品類型有關，例如方便囤貨的衛生紙，只要通知老客戶現在有優惠，他們一定是超大量地囤貨，這時候刺激回購頻率的方式就是反效果。可以囤貨的產品，一般的優惠策略都是大量撒通知，讓全世界知道你有優惠，吸引更多的人。不過，這適合已經定位在物美價廉的品牌上，而且是給有本錢打價格戰的大公司玩的，小蝦米做起來鐵定辛苦。

最後，有個很好用的方法——實際測試不同的優惠方案，搜集數據，分析出客人最喜歡、又能讓你獲利的優惠。客人喜歡但你獲利低，沒有用；你的獲利高但顧客不喜歡，一樣沒有用，所以要抓到最甜蜜的平衡點。

一般公司做活動都是採用固定的方案，問題是你怎麼知道這個方案會是最甜蜜的平衡點？所以在很多年前，我每隔一段時間就會推出不同的購買方案，例如：

八個八五折？八個八折？四個九五折？買四送一？

再去分析哪個方案可以吸引顧客購買的金額最高？買的頻率更高？讓我獲利最好？

不同的方案，可以讓一個原本只花五百元的人，一口氣提高到七、八百元。這也是我用的技巧之一，把業績一點一點地拉起來。但是切記，你需要一個**對照數據**，也就是在沒有任何優惠情況下的業績數字，這樣才能有數據和優惠期間的方案比較、分析。

我個人最常用的方法，就是給老客戶優惠。因為不需要花廣告費找客源，直接把廣告經費拿來優惠老客戶，對彼此都有好處。

關於優惠的技巧還有很多，這也牽扯到心理學、定價技巧，但是不管你用哪個技巧，都要記得實驗、搜集數據、分析，這是最基本的。更要小心不要一天到晚給優惠，會有讓人麻痺、顧客習慣等優惠再買、對品牌的印象改變等等的副作用。

優惠的技巧

- ☑用錯方式只是自砍業績。
- ☑實際測試，並分析優惠方案的效果。
- ☑切忌太過頻繁使用。

能替你帶來高業績的文案

——華麗的文案確實讓人心生佩服，但真正能帶來績效的文案，是要能引發下單的衝動……

小公司的文案技巧不一樣

關於「好的」廣告文案的定義，其實有不少爭論，其中就有一派擁護的是：

- 有創意
- 讓人會心一笑
- 得到廣告競賽大獎

這一派認為，客戶們有興趣把廣告看完、對品牌和產品有印象，之後再看到這品牌時會有意願購買，就是好的廣告文案。但這通常是大公司在用的廣告策略，例如可口可樂和百事可樂總是會砸大錢拍創意廣告，再在成千上萬的通路上架產品後，消費者很容易產生印象和好感。

小公司如果用這種策略做廣告文案，恐怕就是死路一條，因為：

①**無法立即見效**：需要大筆鈔票、足夠的時間等待發酵。

②**成效難以衡量**：無法得知是哪支廣告帶來多少業績。有句流傳很久的名言這樣說：「我知道我花的廣告費，有超過一半以上是浪費掉的，但是我不知道是哪一半。」

③**記憶點不足**：許多廣告文案會讓消費者記下創意、笑點，卻完全不記得是在賣什麼產品，更不用說記得是什麼品牌了。

文案大師丹．甘迺迪就為了這件事，在書裡猛烈批評這種文案是垃圾。而我擁護的「好」廣告文案定義是：**能替你帶來大量業績！**

廣告打下去馬上要看到錢進來、客戶看到文案要在短時間內湧起購買衝動——這就是我擁護的流派，也是最適合小公司的文案方式。資金有限的情況下，每一分錢都是關鍵、都要看到回報，每一個廣告都要能夠追蹤。只要善用 Google Analytics 或是各種網路行銷工具的功能，連傳單的效果都可以追蹤得一清二處，這樣子你才知道哪個文案有效、哪個文案沒用。

曾經有人寫信反對我的想法，我一看他寫的內容，就猜他一定不是自己創業的老闆；再看最後面的簽名檔，果然，是位廣告公司的專員。

像這種人出來當老闆，就會發現之前替客戶操作的方法根本沒用，之所以會發現沒用，是因為創業後他花的是自己的錢。以前在廣告公司，噴錢的是客戶，沒業績可以把原因到處推：廣告費花得不夠多、廣告需要長時間發酵、創意廣告有帶來業績只是客戶不知道……自己創業就知道這些理由都是垃圾，你是老闆，錢都噴光了，這些理由講給誰聽？

別再誤解文案了

誤解❶：以為現代人只看影片，低估文字的威力

這是貝克街能夠做起來的其中一個祕密：太多人小看文字的威力，把文案隨便丟給小編寫，但真正懂得寫廣告文案的小編少之又少。文字的好處，是可以讓人自行想像畫面。廣告文案要讓人想像什麼畫面？當然是讓客戶想像擁有你的產品後，過著美好生活的畫面啊！**你的產品不就是要帶給人更好的生活嗎？**

拿賣拖把當例子吧，如果廣告文字這樣寫：

每次拖地，就算已經先掃過了，拖把還是會沾到一堆毛髮，想弄都弄不掉。這時，你只能犧牲雙手，在骯髒噁心的拖把上用力把毛髮拔掉，然後再拿肥皂洗刷你那黏乎乎的手。

如果不需要用手，就可以拿掉拖把上的頭髮，那不是天堂嗎？

接著，再介紹你的產品會如何解決這問題。因為開頭已經勾起人們拖地時的心累經驗，這時候再讓人想像不需要用手拔，就可以去除纏在拖把上的頭髮，一定超有感。

對有在拖地的目標客群來說，這些話真的很有感覺，但文案不可能說服所有人。也就是說，從不打掃的人看到這篇文字也不會知道是什麼意思。所以，**寫廣告文案的目的是說服目標客戶，不是所有人**。

通常這種產品會拍廣告影片宣傳，但我故意用文字描述，就是要讓你知道文字效果和影片的不一樣。它們各有優缺點，你甚至可以結合起來，廣告影片搭配吸引人的文字描述，威力馬上倍增。

曾經有自稱行銷老師的人，說文案影響廣告的成效不大，這真的非常可笑。我自己的測試，還有真正的行銷高手都知道，不同文案可以讓廣告費差到五倍以上！

像我不定期寫文章寄給訂閱者，其中一個好處就是鍛鍊自己的邏輯思考，加強廣告文案的能力。要把文字組織得有條理、淺顯易懂，需要非常清楚的邏輯概念才能辦到；而有條理的文案，會大幅提升說服客戶的機率。

我靠著寫文字替公司帶來驚人的業績，很清楚文案的力量多強大。你如果花時間精進寫廣告文案的能力，絕對是最划算的投資。

誤解❷：自己文筆很差，寫不出好的文案

廣告文案不是作詩，它的目的是要「說服對方」做出你想要他做的行為，例如購買你的產品。想一下頂尖業務員是怎麼講話的？像詩人一樣地推銷產品嗎？文字就是你的業務，不需要華麗的文字來說服人。

一般人看到華麗的文案就會心生佩服，到處轉分享說：「這個文案寫得真好！」但是能帶來業績嗎？真正能帶來業績的文字，除了讓人全部讀完外，還能在讀完之後衝動地下單，而不是拍拍手說好棒，然後轉身離開。

千萬不要自己懶得動手寫，想找廣告公司幫忙。廣告公司的寫手只是一般員工，混口飯吃而已。如果你的運氣好，是有可能找到廣告公司裡一％的優秀員工幫你做廣告，但機率太低了，即使你去

問對方哪個專員的文案功力最好，他們也會這樣回答：「每個人都很厲害。」

事實上，厲害的廣告專員比普通專員實力高好幾倍，但問題是你幾乎不可能請到他，因為這種人太少了。廣告效果差，幫你寫文案的人需要賠錢嗎？當然不用；廣告效果好，他們會有額外佣金嗎？不一定，但大部分沒有。

真正的高手會依成效抽成，甚至敢說效果如果不好可以一毛不拿。因為他是真高手，用這種方式抽成賺最多啊！有哪個高手會願意每月只領三萬薪水，苦命地幫公司生產幾十篇文案？

老話一句，真正的高手小公司請不到，但一般的寫手水準又不夠。但也別因此就直接放棄文字廣告，因為我發現老闆自己寫的廣告文案，如果掌握到技巧，效果絕對比廣告公司好多了。而要掌握到這一點技巧，根本一點也不難。

為什麼我會強調，老闆是寫文案的最佳人選？因為公司是你創立的，品牌就流著你的血（這是以小公司為例，大公司又是不一樣的狀況）。

既然這個品牌就是你，你所寫的文字風格，當然最契合。如果你找員工寫，效果也不好，因為員工的個性和你不同，硬是要求他寫文案，最終可能會變這樣子：

- 模仿你的語氣，結果變成四不像。
- 員工用自己的個性寫文案，和品牌風格不符。
- 用小明的方式寫文案，也就是廣播式的嗨咖語調，普通又無聊。

只有行銷高手才寫得出符合品牌個性的文案，但高手難尋，所以廣告文案只有你最適合寫。

一篇好文案，等於是請到一個頂尖業務員，不分日夜二十四小時幫你拉客戶，還不會抱怨、搞破壞、搶客戶、忠誠度百分百，把時間花在文案上不是超級划算嗎？所以我強力建議，每一個老闆都要練習寫文章，這點並不難，只要花時間練習就會有成果。

文案的目的就是業績

☑ 真正厲害的文案，威力不輸影片、畫面。

☑ 老闆自己做，效果更勝廣告公司。

在文案裡加入個性

——流著你血液的品牌，為它灌入個性，
不僅加深印象，更能直擊人心……

用自己的個性說話

如果你去點FB的廣告，你會發現每一篇廣告好像都是出自同一人之手。就算是不同公司、不同小編，文案的形式都很像——都是情緒非常嗨地熱情推銷。我很了解為什麼他們要這樣做，因為我也做過保險業務員，主管在訓練菜鳥時會不斷地強調語氣要熱情，才會讓大家覺得你的產品真的很好，讓他們想要買。

做保險是不是真的要這麼熱情才能賣得出去，我不知道；但是寫文案，你不需要像是嗑藥一樣，才會讓人想買。

特別是，當每個小編都寫出有如嗑藥般的亢奮文字時，你也寫一樣的東西行嗎？在廣告裡呈現你的個性，才是最吸引人的。

用電影當例子，如果每部電影、每個角色的個性都一樣，都是熱血青年，你還看得下去嗎？電影裡的角色之所以讓人著迷，是因為他有鮮明的個性，讓你覺得這是有血有肉、活生生的人，不是虛構的角色。這些角色不管你是喜歡或討厭，都會讓人想看下去。

文字也是一樣，你寫出的東西就該要有你的個性，如此才能像厲害的演員一樣，讓人願意看下去。

你是幽默風趣的人，還是穩重內斂？熱情如火？冷靜理性？不妨翻出和朋友的對話，以第三者的角度來分析自己的個性。

例如推薦餐廳給朋友，在已經知道對方最重視吃，價格多貴都沒關係的情形下，你會怎麼說？你甚至可以錄下自己說服人的過程，把語音檔一字不漏地打出來。重點是，**不要以為華麗的文字就是好文案；呈現你真實個性的文字，才是最好的文案！**

大部分人都以為文案要寫得很官腔才行，不好意思，官腔文案的廣告效果反而最差。

用這幾個重點練習，每寫一篇就給朋友看，要找屬於目標客戶的朋友，他們提供的意見才有用。你可以假想，寫了強調安全的廣告文案，給愛開快車的朋友看，他會有感覺嗎？朋友看過之後，就可以實際地打廣告測試了。

文案成不成功怎麼看？

只要看廣告留言的反應，就能評斷文案寫得好不好。如果你寫得好，一定會有這種留言：

- 詢問價格（代表被你引起興趣）
- 直接說好想買（或是 Tag 男友、老公、老婆）
- 問更多的產品細節（同樣是被引起興趣）

根據我教學的經驗，願意花時間練習文案的人真的不多，但這就是你最大的機會：只要多花一點時間練習廣告文案，成效就可以好過市面上大部分的廣告。

現在的客人很可憐，每天都看著無聊的廣告浪費時間。稍微好一點的廣告就像是久旱的沙漠下場雨一樣，一出場就讓人眼睛一亮。

這是最好的機會，不要浪費了！

打動人心的文案力

☑ 練習表達。

☑ 呈現真實個性，就是最好的文案。

文筆不好怎麼辦？

在開始學廣告文案之前，我們必須先有個心理建設，可以幫助你更順利地學會——想要寫出能賣出東西的文案，絕對沒有你想像的這麼難！

很多人最大的誤解，就是覺得自己要有很好的文筆，才能寫出厲害的文字，讓人願意買——完全不是這樣。廣告文字和寫書、寫文章不同，甚至是有一點相反。寫文章會很注重遣辭用句，所以寫出來的東西，就跟我們平常講話的習慣不一樣。

例如在文章中我們會這樣寫：「想要進步，每天需要不間斷地磨練自己，不要一暴十寒……」用講話的方式，我們會這樣說：「你要每天練習才會進步，不要只在那邊偶爾練一下……」

你可以看到，寫文章的難度比較高，和說話不同；但行銷文案**要跟說話一樣，頂多做點修飾，拿掉多餘的廢話**。

不用擔心文筆差這件事，不是要你出書，也不是要你當作家，你的工作是「說服」客戶。

文法也是。即使行銷文案裡出現文法錯誤，只要客戶看起來覺得順、看得懂，而且覺得被吸引，那就沒問題！參加作文比賽，文法錯當然會被評審扣分，可是行銷文案，客戶就是評審，只要客戶看得順眼，那都沒有關係。

美國有位知名文案大師也說過，要是把他的行銷文案拿給高中老師看，老師一定會氣死，因為裡面有太多錯誤的文法；但眼前的事實卻是，許多大企業都捧上百萬元搶著請這位行銷大師操刀文案。

你想要當哪一個？你想得到高中老師的稱讚，還是客戶的稱讚？

當然是選能夠賺到錢的文字啊！

你一定要有這樣的認知，那就是行銷文案的技術不難，才能更順利地學習。如果心裡直想著：「寫文案好難！」一勢必會很痛苦，因為潛意識會影響你。我不是在安慰你，之所以說簡單，是它真的不難，只要練習練習再練習，你一定可以做得比普通廣告公司都好。

必備能力：讓人一眼就能看懂

雖然不需要很厲害的文筆，但有些最基本的程度還是要有的，那就是你現在寫出來的文字，可以讓人看得懂。

有些人的貼文或是對話，邏輯和用字亂七八糟，讓人看得一頭霧水，這種情況勢必得從頭練起（不過這種情況非常少見，只有極少人的文字會差到讓人完全看不懂）。

自我檢查的方法也很簡單：看看和朋友的對話紀錄，他們懂你想表達的意思嗎？或者是否有人直接在你的貼文下面回應，不知道你在說什麼嗎？有些人比較客氣，不會直接說看不懂你在寫什麼，而是再次確認你的意思。如果和你對話的人，常常來確認意思，那就代表你說的話很可能讓他聽不懂。

你也可以寫一段敘述文字，例如今天發生的某件事，寫完後拿給一個會寫文章的人看，問他是不是看得懂。

如果上面的答案都是肯定的，那就不用擔心了，你已經具備最基本該有的能力。萬一對方看不懂，最大的原因很可能是書讀得不夠多。我有兩個方法可以解決這問題，幾個月的時間就能有很好的效果。

❶ 大量讀小說

多讀書，對於「寫文字」絕對有幫助，因為你會看到這些作家是怎麼正確地使用文字。

建議讀小說的原因，是因為小說絕對比較有趣，在比較有趣的情況下，才有辦法持久。如果每天強迫你讀枯燥乏味的文章，你也受不了吧？而且小說的文字通常都比較生動，生動的文字對於寫廣告文案很有幫助。

我在國小、高中的時候，文章常被刊到校刊上，最大的原因就是我看很多的小說。幼稚園的時候，我讀《奇先生妙小姐》、《拉拉與我》；國小時，看倪匡的衛斯理全套；國中時迷金庸、黃易、古龍的作品，還有《讀者文摘》。雖然都是故事，卻讓我在高中時就有能力幫學校寫故事。

我以前每隔一段時間會寫小說，每次要動筆前，都會重新翻書再開始寫，這樣會讓我順暢很多，就像運動前有熱身的話，表現才會比較好是一樣的道理，大腦也是需要熱身的。

可能在剛開始看小說的時候，第一個星期你會不太習慣，可是多看幾天之後會愈來愈喜歡，人類就是這樣，要養成一個習慣一開始會不舒服，但是過沒多久就會適應。

❷ 寫日記

大量地閱讀故事後，還得寫出來才有機會練習，最簡單的方法就是寫日記：記錄每天發生了什麼事，就可以訓練表達能力。

但是千萬不要寫流水帳，而是**要想辦法把日常生活寫得有趣**。這是很好的訓練，因為未來幫產品寫文案時，能否寫得生動有趣，就是吸引消費者來購買的原因之一。就像我們看美食節目，有些主持人形容食物進入口中的感覺，你也會跟著流口水，因為他的描述很生動，引起了你也想吃的慾望。

可是如果對方只說：這個東西很好吃、脆脆的、很香——這樣你會想吃嗎？

這當然要撇開影片畫面，畢竟看到畫面一定會想吃，但有時候只能單靠文字描述食物，只寫那幾個字根本就不可能讓人想買。

所以你可以利用寫日記來做這些基本的練習。

從日常找機會練習文筆

☑ 打動客戶的句子才是你要追求的。

☑ 說得美、寫得漂亮，不如說得清楚、寫得生動。

讓人「秒下單」的文案關鍵

——人類的大腦最怕「難懂」的字眼，
一難懂就會當機空白，任何文字都進不去……

從準備材料開始

撰寫文案，絕不是電腦打開就可以直接把字打出來，而是需要很多的準備工作。如果做得好，文案就會吸引人，客戶更願意買下產品。

就像要做菜，如果今天你打算煮咖哩，什麼都沒有準備，就直接把鍋子放到爐子上開火，會發生什麼事？該炒洋蔥的時候，發現洋蔥沒切，匆匆忙忙地趕快切，這時鍋子已經熱得冒煙了；該下雞肉的時候，發現沒有雞肉，趕緊跑市場買回來丟鍋子裡。最後還發現沒有高湯……

這種狀況下，做出來的咖哩一定慘不忍睹吧？因為煮的過程不斷地被暫停，影響到食材的味道，而且還耗費了很多的時間。

寫文案就像煮咖哩，沒有把材料準備好，不僅寫不出吸引人的內容，還浪費時間。那麼寫文案要有哪些材料呢？

- **了解目標客群（列出他們的特徵、心理狀態）**
- **了解產品**
- **找出獨特的賣點**

其中「了解目標客群」，是關鍵中的關鍵。每種產品都會有各自支持的人，不可能討所有人喜歡。所以，你的產品一定有人支持，你需要了解這些人，才知道怎麼跟他們說話，吸引他們靠近。舉例來說，如果支持你的客人，經濟寬裕、重視品味、願意花錢在追求品質上，結果你的文案反覆強調折扣下殺，他們會怎麼想？恐怕會擔心這產品是不是品質不夠好，否則為什麼一直強調價格便宜？然後這產品就會很難賣。

關於目標客群，你需要掌握幾個重點：

◆購買產品的動機是什麼？

買下這個包包是因為好看還是想跟周邊的人炫耀？每個人都有欲望，你必須清楚他買下產品的動機，是為了滿足哪一方面的需求。

◆關於這產品，他們覺得什麼最重要？

曾有個珠寶商，他以為客戶買他的寶石，是因為貴重稀有。每次推銷時都會強調珠寶等級。後來他發現，原來客戶最重視的是設計與裝飾，戴上這樣的飾品可以顯示個人品味。於是他改變了說法，強調自家的珠寶是○○設計師操刀、強調想要傳達的設計理念，結果客人購買的機率大大提高。

在〈第二話〉分享的兩間鯛魚燒也是同樣意思，了解客戶的需要才能對症下藥。

◆他們討厭什麼、害怕什麼？

例如買冷氣，有些人最在意的就是耗電、電費驚人，還有運轉聲很大。或是來補習班上課的學生、家長們，他們最怕什麼？就是成績不好、沒法上好學校啊。

把這些客戶討厭、害怕的事描述出來，給解決方法，就能吸引他們靠近。

◆他們有既定成見嗎？

舉巧克力為例，有人認為愈苦品質愈好，但事實不是這樣。這時可以這樣做：如果你賣的巧克力剛好是苦的，就順著這個偏見強調巧克力的苦味。但不要在文案上說「巧克力苦，才是最好的品質」，只要提一下「巧克力是苦的」，他們就會喜歡（因為這不是事實，苦並不一定品質好，不要在文案裡誤導客戶）。

如果你的巧克力苦味不強，就得針對這部分說明，讓他們了解不是苦就代表巧克力好，否則他們很可能就會因為偏見，拒絕你的產品。

◆他們的說話習慣、偏好的用詞

使用客戶習慣、喜歡的用詞或文句來形容產品，會更容易打中他們的心。

注重安全的人，提到汽車時會喜歡用安靜、平穩、鋼板厚重之類的字眼；經常來貝克街買蛋糕的人，則喜歡綿密、濕潤、不甜膩的用詞。

當你掌握這些要點，在準備撰寫文案時，就會更了解該怎麼做才能引起客戶的興趣。

動筆寫文案前的功課

☑了解目標顧客。

☑從心理、個性、喜好上完全掌握。

像在對著一個人說話

人類的大腦有一個機制，只要聽到「難懂」的字眼，就會瞬間當機一片空白。當機的時間有長有短，有些人不到一秒，有些人則會拖個好幾分鐘。但是不管時間長或短，影響都很大。

因為腦袋當機，所以覺得「無聊」；一旦覺得無聊，就不會想再看你的文字。客戶覺得無聊，當然就沒辦法說服他買東西啊！把這個當機的概念運用在行銷文字上的話，你該怎麼做？

答案就是，**把文字寫得像是「對人說話」一樣。**

分享一個最簡單的小技巧——在文案裡稱呼客戶為「你」，會更像在對話；用「您」就太不自然了，也不像是對話，就是個廣告而已。

以下舉些例子來了解什麼是像「對人說話」的文案。

◆賣電腦

新一代的電腦，速度更快、效能更高，處理任何的工作都能完全勝任。

看起來是很正常的文字，但也到處都看得到，還很無聊。如果試著像講話一樣對著客戶說：

使用這台電腦的時候，你會懷疑自己以前是怎麼活過來的。因為比起上一代，它的速度實在是快太多，工作效率大大提高，再也不用加班。

◆賣牙膏

我們的牙膏添加了○○，能夠迅速分解牙結石，達到深層清潔的效果。

對著客戶說話：

如果你每天用這牙膏刷牙，半年後去牙醫診所洗牙，醫生一定會覺得你在開玩笑，因為牙齒乾淨得沒什麼好洗，牙結石都被牙膏分解掉了！

是不是很口語，更像是對日常對話？沒有艱深難懂的術語卻讀起來更順、更願意看下去。只要客戶願意往下看，你說服成功的機會就更大！

像在對著客戶說話一般

☑ 更口語、更像日常對話。

☑ 有風格才能與眾不同。

☑ 有個性，讓客戶容易地看下去。

文案範例

以下我將列出貝克街之前線上甜點課程的行銷文案（詳細文案請見下頁），銷售效果非常好，然後逐段分析為什麼會這樣寫。

❶ **標題：零基礎線上烘焙課程（初級一），開放報名**

這是非常開門見山的標題，因為貝克街已經有知名度，所以可以這樣直接下標。加上我做過功課，知道「零基礎」這三個字會吸引我客戶的注意力——有很多人想學甜點又不知道怎麼開始，希望找沒有基礎的人也可以上手的課程。

❷ **獨特賣點、提供證據（強力論點）**

即「我這裡的師傅是一邊研發甜點，放在貝克街販售，一邊做

範例：線上甜點課程

❶ 標題：零基礎線上烘焙課程（初級一），開放報名

零基礎線上烘焙課程（初級一），開放報名

我這裡的師傅是一邊研發甜點，放在貝克街販售，一邊做教學的。很少有老師是這個樣子，大部分只有在教學而已，沒有在市場賣。

但是我認為這樣做的最大好處，就是我們教出來的東西，百分之百是市場可以接受的，

是市場願意花錢買的，而不是親朋好友捧場地跟你說好吃而已。

還有更重要的，是我知道大家的問題會出在哪裡。你可以想想看，我這裡每次有新進人員，都需要用最好、最簡單的方式把他訓練好，如果我們教得爛，這些學徒常常把蛋糕做錯，不是要賠一堆錢？這裡訓練好學徒的模式，會同樣套用在學生身上，除了學到厲害的蛋糕，基本功也會很紮實，並且能在市場上經過考驗。

❷ 獨特賣點、提供證據（強力論點）

我這裡的師傅進來貝克街時都是完全不會烘焙的新手，到現在研發出來的產品已經可以讓日本的大師（西原金藏）驚豔的程度。

所以在教學這方面，我們有絕對的自信可以教得簡單又清楚。

課程報名連結（線上課程不會下架，可以隨時隨地重複觀看，沒有時間限制）

https://baco-street.com/Bcourse

擔心器具問題、上課遇到問題怎麼辦、食材替代方案等等，請看這個連結說明：

https://baco-street.com/Bcakeqa

如果你不確定課程適不適合你，這裡有其中一堂線上課讓你看，杏仁角泡芙：

https://baco-street.com/Bpuff

❸ 客戶見證

❹ 再次強調獨特賣點

❺ 最後邀請行動

❻ 消除疑慮

教學的……並且能在市場上經過考驗。」這部分。

我的最大賣點，就是大部分甜點老師沒有實際在「賣」甜點，但我的甜點都有很好的銷售，我分享的配方絕對是好吃的，這就是我的獨特賣點和有力的論點。

再者是，為什麼我有自信把學生教會？因為我們教過很多學徒，要是沒辦法教好、學不會，一定會賠錢。所以這方面我們很有經驗，不像那些沒在賣甜點的老師，就算沒有把學生教好，也不需要賠錢；我們若是沒教好學徒，失敗一次都要損失好幾千，甚至上萬元。

❸客戶見證

即「我這裡的師傅進來貝克街時都是完全不會烘焙的新手，到現在研發出來的產品已經可以讓日本的大師（西原金藏）驚豔的程度。」這一段。

雖然不是截圖，可是我把大師的名字都寫出來了，通常大家不太會懷疑真實性，因為很難有店家敢在這種事上作假，要是被大師看到了怎麼辦？作假就太笨了，所以這是我用的見證。

❹再次強調獨特賣點

即「所以在教學這方面，我們有絕對的自信可以教得簡單又清楚。」這一段。

雖然文章最初有出現過，但是我在結尾再重複一次，強調課程最大的優勢與獨特賣點。

❺最後邀請行動

即「課程報名連結（線上課程不會下架，可以隨時隨地重複觀看，沒有時間限制）https://baco-street.com/Bcourse」這一段。

如果你的文案最後沒有提出邀請的動作，效果會降低非常多，一定要根據你想達成的目標，提出邀請。這篇文案為了的就是要吸引人報名，所以邀請客戶來點下報名連結。而我在特別邀請行動的同時強調一點——線上課程沒有時間限制，增加客戶報名的誘因。

❻消除疑慮

即「擔心器具問題、上課遇到問題怎麼辦、食材替代方案等等，請看這個連結說明……https://baco-street.com/Bpuff」這一段。

因為我知道客戶報名時會有哪些疑慮，便把這些問題拍成影片，做成連結放在文案結尾，讓有興趣了解的人去看。

整篇文案的重心在於獨特賣點——我可以清楚明白地把所有人教會，所以我留下連結而不是列出所有的疑慮，以免讓整篇文章模糊焦點。

最大的疑慮，就是課程可不可以無限次數地重複看，我特別把這訊息放在報名連結旁邊，以防有人漏掉。為什麼我會這樣寫？因為就像標題所說，貝克街已經小有名氣，所以我決定直搗黃龍，在標題後直接寫出獨特賣點，用我最強的武器來說服人，搭配見證、消除客戶疑慮，最後邀請行動。

當然並不是只有這樣的做法，因為就像我說的，你可以依照自己的狀況、客戶喜好、產品類別等等，來決定文案怎麼編排。

◆真實、不騙人

我曾為貝克街一款外觀長得很醜的起司蛋糕寫文案，但因為內容很吸引人，照樣帶來好業績。大家可以看看左頁的分享。請注意，上面的文字技巧都是我分享過的。

範例：起司蛋糕

準備要推出這款起司蛋糕的時候，我心裡其實是天人交戰的，因為它長得很醜。

在研發期間，品卉發現最好吃的配方，搭上最好吃的起司，做起來就會變成這個樣子；這是很神奇的一件事，因為一旦換了次等一點的起司測試，蛋糕的外觀就會變得很好看。那能怎麼辦？

最後我決定，以味道為第一優先，犧牲掉外觀。

以前，蛋糕拿去拍照的時候，我都會跟攝影大叔說：「請幫我拍得很漂亮、美味！」

而這一次，攝影大叔的反應：「……」

他心裡可能在懷疑，我是要故意挑戰他的技術吧。

總之，今年初我通知老顧客有這款起司蛋糕，幸好貝克街的客戶都是注重美味大於外觀的人，大家都願意嘗試看看。結果大受好評，一堆人寫信請我讓起司蛋糕重新上架。

PS. 起司蛋糕是有檔期的，隔一段時間才會賣一次。

- 沒有華麗的詞彙。
- 用自己的個性說話。
- 深入了解客戶後，知道他們重視的事，所以我特別強調為了做出最好吃的蛋糕，我把外觀犧牲了。

這點對熱愛美食的人來說，非常吸引人：到底是什麼東西，為了美味而犧牲掉外觀？

不過，我要強調「不要騙人」。文案裡描述的都是事實，因為我使用的日本起司非常昂貴，原料、成分比一般起司更好，但也因此較難讓蛋糕固定成完整的形狀。我並不是為了故意寫出這種文案，編出假的故事、故意做出醜的蛋糕。

所以接下來你該做的，就是照著我教的方法，開始大量練習。

一結語一

創業這條路，你準備好了嗎？

創業前我買了一本書，裡頭收錄很多店家的訪問，都是滿有名氣的。書裡除了提到店家老闆做了哪些突破來讓生意變好外，也寫出他們初期的心境。

剛創業時，我非常喜歡這本書，一直翻、一直翻，翻到整本都爛了，因為看他們的故事，就像是在講我一樣——這帶給我希望，覺得自己未來可以跟他們一樣！那時候我的生意很差，不知道有沒有成功的一天，就像在走一條看不到盡頭、又黑又長的隧道，但書裡的故事給了我安慰和一點的光明。

好幾年後，我的工作漸漸順利了起來，很長一段時間沒再看這本書，一直到有天大掃除，發現它的存在又拿起來回味。但這次翻閱卻讓我很震驚，甚至是難過，因為……書裡的店家倒了一半以上。上網每查一家店，Google上的顯示幾乎都是「結束營業」；有的甚至上了社會新聞，因為老闆欠債跑路。

這些都是很有名氣的店啊！我曾經被他們的故事鼓舞、安慰，現在卻倒了，讓我深深地感觸到「創業真是一條危險的路」。我曾提到有個朋友創業做日式料理，結果過勞猝死，後來大家才知道原來他常常半夜驚醒，因為壓力太大。

很多人不懂，他的生意不是很好，賺了很多錢嗎？為什麼壓力還會太大？

創業就是這樣危險的一件事，即使眼下有賺錢，但只要出個意外，之前賺到的統統都要吐出來，甚至是倒賠。這也帶給我警惕，因為我不希望自己變成這樣（不管是猝死或倒閉），一定要想辦法避免。

創業的店九十九％會倒閉，常見的原因可能是產品、行銷出問題，但是知名店家倒閉的話，原因就不是這麼簡單了。重新翻閱書裡的店做搜尋，我列出兩個明明已經成功最後卻倒閉的原因。

原因① 擴大

創業就是要賺錢，想賺更多錢，就要請更多人、租更大的空間、買更多的器具、進更多的貨……然後就死在這——為了擴大而借太多錢。

因為公司小有成就，銀行會比較願意借錢，但這也是最危險的，人只要拿到錢（不管是不是自己的），就會忍不住想花。因為錢是花在擴大事業上，我們會安慰自己：「這些錢不是用在玩樂上，未來可以賺更多，所以值得。」於是大把大把地花錢，也不覺得有罪惡感；但其實，花錢擴大沒有問題，問題在於擴大的規模！

在決定擴大規模的時候，老闆通常會有兩個考慮方向：❶**擴大經營後，公司未來可以賺到多少錢？**例如現在的月營業額為一百萬，擴大後可以做到兩百萬，但是需要跟銀行借五百萬，假設淨利是十%，不用三年就可以為擴大而借的錢還清。

這種思路是最危險，也是最多創業老闆枉死的地方，因為創業不是算數學，擴大一倍，營業額不一定會高一倍。變因太多了，市場規模、產品控管、行銷等等都會影響到業績。若是擴大後的業績不如預期，跟銀行借的錢根本就還不出來。這種「未來我就會賺多少錢，可以用這些錢還」的借錢心態，風險是非常高的。

我有個朋友，月營業額做到一百萬時，就花了七、八百萬搬廠房、買機器，弄了一間產量可以破千萬營收的廠房，結果就是剛剛講的，收入根本不如預期，所以現在他欠錢跑路中。

❷萬一擴大規模營業額卻沒有增加半點，我有辦法還嗎？（這也是我最常思考的重點）如果答案是肯定的，我才會去做。我在這幾年做過許多決策，有成功也有失敗，失敗的決定會讓我損失好幾百萬，但是我算過自己的承擔能力，就算失敗，也不會對公司造成太大影響，能夠正常營運。也因為我用的策略，每每遇到失敗打擊時，公司都可以活下來。

方向❶，風險高，一旦成功，收穫自然高；方向❷，風險低，成長速度稍慢一點，但能確保自己活著，有更多爬起來的機會。很多老闆守著這樣的方法，一樣在短短兩三年達到上千萬的年營業額。

原因② 跟風噱頭

很多店只有剛開始紅，因為它的定位就是跟風流行，有創意、很新穎，但是壽命都不長，流行一退馬上就撐不下去。

在想創業點子的時候，不要把心力放在「怎麼做出很有創意的東西」，應該去想「這東西會讓人需要它嗎？它能解決人類的問題嗎？」

卡通角色的主題餐廳就是最好的例子，經常開沒多久就倒店，因為它沒有滿足大眾的需求——吃美味的食物。畢竟現在不是資源缺乏的戰亂時代，吃東西不是只為填飽肚子，好吃是很重要的。

在那本書裡，我看到好多店因為這兩點倒閉，特別是原因②，有了可說嘴的新噱頭，吸引媒體記者後爆紅，幾個月後沒落，最後死命苦撐，倒閉。而書裡能活下來愈做愈大的店家，反而都是賣常見的產品，例如普通的餅乾、水果等等。

一間成功的店會倒閉，絕對還有其他更多的原因，我只是寫出常見的兩個原因而已。我不是富二代，如果創業出了問題，沒人幫我收爛攤子，所以風險的控制對我來說很重要。如果你也在創業，或是未來想創業，最好用保守一點的方法來做，因為這條路真的非常、非常、非常危險。

感謝——

我要謝謝太太可馨，在創業非常窮的時候，她完全沒有抱怨地支持我，和我過了一段辛苦的日子；她始終相信我會成功，對我有極大的信心，這帶給我力量，渡過創業的黑暗期。

我的小孩 Wish 和 RoRo，每次公司遇到危機，他們總是單純地覺得，爸爸一定會解決所有問題，根本不需要擔心。

更要謝謝我的父母，從小讓我學會做事的態度，而我認為態度是成功最重要的關鍵。

最後是弟弟繁歌（貝克街主管）、亞當 Adam、妹妹 Evie 的支持，還有跟公司一起打拚走下去的員工們，創造了貝克街。

雖然創業很困難，有時候就像地獄一樣，可是因為有他們，讓我能繼續活著走下去！

國家圖書館出版品預行編目資料

成為 1% 的創業存活者：貝克街王繁捷如何以 20 萬創造 5,000 萬業績 ?/ 王繁捷作 . -- 初版 . -- 臺北市 : 三采文化股份有限公司 , 2021.01
面；　公分
ISBN 978-957-658-463-3(平裝)

1. 創業 2. 成功法

494.1　　　　　　109018788

suncolor 三采文化集團

iRICH 30

成為 1% 的創業存活者：

貝克街王繁捷如何以 20 萬創造 5,000 萬業績？

作者｜王繁捷
副總編輯｜王曉雯　主編｜黃迺淳　文字編輯｜張立雯
美術主編｜藍秀婷　封面設計｜池婉珊
行銷經理｜張育珊　行銷企劃｜陳穎姿
內頁設計編排｜Claire Wei　校對｜黃薇霓

發行人｜張輝明　總編輯｜曾雅青　發行所｜三采文化股份有限公司
地址｜台北市內湖區瑞光路 513 巷 33 號 8 樓
傳訊｜TEL:8797-1234　FAX:8797-1688　網址｜www.suncolor.com.tw
郵政劃撥｜帳號：14319060　戶名：三采文化股份有限公司
初版發行｜2021 年 1 月 29 日　定價｜NT$420
9 刷｜2023 年 12 月 5 日